JN232479

ライブラリ新数学大系＝E1

集合と位相への入門
―ユークリッド空間の位相―

鈴木晋一　著

サイエンス社

サイエンス社のホームページのご案内
http://www.saiensu.co.jp
ご意見・ご要望は　rikei@saiensu.co.jp　まで.

まえがき

　理工系の学生諸君が大学で最初に学ぶ数学は，微積分学と線形代数学というのが標準である．線形代数の方は高校数学ではほとんど扱われていないこともあって学生の反応もさまざまであるが，微積分の方は，高等学校で学んだ微分・積分の延長上にあることもあって，比較的抵抗もなく受け入れられているようである．実際その講義も，高等学校数学の延長で，面倒な証明をできるだけ省略して直観的なイメージで済ませ，定理の使い方や計算練習に重点をおくというスタイルが多いようである．コンピュータのハード・ソフト両面の進歩のおかげで，多くの学生にとってはこのような講義スタイルで十分であろうが，これでは化かされたようで納得がいかない部分も多く現れるであろう．本書はこのような部分の基礎を補うべく，企画された．しかし，微積分学の理論体系を厳密に保持しようというような大それた考えはなく，「あたりまえ」として気軽に通過する部分や，「あたりまえ」のふりをして触れないで済ませている部分を，少しだけ丁寧に解説したものである．

　第1章は，論理と集合についての解説である．深入りするときりがない分野であるが，難しく考えずに，各自の興味や必要に応じて学んでほしい．

　第2章は，おなじみ（と思われる）実数の話である．2.1節では実数の構成法についても述べたが，何やらゴチャゴチャやって実数を創っていたな！という感想が残れば十分である．実数のもつさまざまな性質を改めて見直して欲しい．

　第3章は，ユークリッド空間についてのかなり詳しい解説であり，本書の主テーマである．1次元，2次元，3次元，そしてn次元と，数学者は何の抵抗もなく進むが，初学者にとっては結構悩ましいところのようである．通常の専門書では，より一般的な距離空間や位相空間で扱われるコンパクト性や連結性についても，ユークリッド空間の中で扱っている．微積分の基礎としてはこれで十分であると考えたからである．

第4章では，ユークリッド空間のある意味での一般化としての，距離空間を簡単に紹介した．より高度な数学に興味のある読者は，巻末の参考文献などを参考に，学習して欲しい．

　巻末の「問題解答」は，初学者のことを考え，ほとんどについて略解ではなく，完全な解答を記した．証明については，「明らか」で済ませず，まず丁寧に書いてみるというのも，最初は重要であると考えたからである．

　本書で扱ったような話題については，どれをどの程度まで取り上げるかについて，学生諸君の要望や程度にも依るが，話し手側の個性が強く顕れるところである．読者や先生方のご意見など頂ければ幸いである．

　本書の執筆にあたり，サイエンス社の田島伸彦氏，鈴木綾子氏にお世話になりました．ここに記して感謝します．

2003 年　春

著　者

目次

1 論理と集合 … 1
- 1.1 論　理 … 1
- 1.2 集　合 … 10
- 1.3 写　像 … 18
- 1.4 2 項 関 係 … 26

2 実　数 … 33
- 2.1 実数の構成 … 33
- 2.2 実数の集合 $\mathbb{R}$ の位相（$\mathbb{R}$ の連続性） … 44
- 2.3 基数と濃度 … 57
- 2.4 実数値連続関数 … 67

3 ユークリッド空間 … 77
- 3.1 ユークリッド空間 … 77
- 3.2 $\mathbb{R}^n$ の開集合・閉集合 … 83
- 3.3 $\mathbb{R}^n$ 上の連続関数 … 95
- 3.4 コンパクト性 … 99
- 3.5 連　結　性 … 111

4 距　離　空　間 … 119
- 4.1 距　離　空　間 … 119
- 4.2 距離空間の位相 … 125

目次

問題解答 … 135

おわりに … 159

索　引 … 160

第1章

論理と集合

この章では，数学の論述において基礎となる論理の構造と，論理記号の用い方について学び，続いて初等集合論を扱う．

1.1 論　理

命題　事物の判断について述べた文や式を**命題** (proposition) という．

ただし，数学では普通その判断の陳述に対して，正しいか正しくないかの判定の下せるような命題のみを取り扱う．ある命題が正しいとき，その命題は**真** (true) であるといい，正しくないとき**偽** (false) であるという．

例 1.1
(1) 36 は 4 で割り切れる．
(2) 梅干しと鰻は食い合わせが悪い．
(3) 今日は日曜だ．
(4) 円周率 π を小数展開すると，その中に 1 から 9 までの数字がこの順に並んで現れるところがある（ゾラウエルの問題）．
(5) すべてのクレタ人は嘘つきである（新約聖書，テトスへの書，I-2）．

大まかにいって，英文法でいわゆる平叙文で書かれたものはだいたい命題である．これに対して疑問文・感嘆文・命令文等は命題ではない．

上の例の (1) は明らかに真であり，(2) はよくいわれる諺であるが，現代の科学の目からは偽の命題である．

(3) は「今日」がいつであるかによって真偽が定まる．このように陳述の当事者や状況によって真偽の変わる命題も多い．このような命題には代名詞（または「今日」のような不特定の名詞）が入っていて，それに具体的な事物が当てはめられて真偽が定まる．数学ではこのような代名詞を**変数** (variable) といい，このような命題はその変数の**命題関数** (propositional function) という．命題関数については後にもう一度論ずる．

(4) は有名なブラウエルの問題で，現在まで π の値は小数点以下 10 億桁まで求められているが，まだこのような箇所は見つかっていない．また存在しないという証明もない．要するにこの命題の真偽は不明であるが，真か偽のどちらかであることに間違いはなかろう．このような陳述も一応命題に入れておく．

(5) は，エピメニデスというクレタ人が述べたので問題になった．いわゆる**クレタ人の逆理** (Cretan paradox) として有名なもので，この命題を真と考えても偽と考えても妙なことになるというものである．このように真としても偽としても矛盾の起こる命題を**自己矛盾命題** (self-contradictory proposition) という．論理学・数学基礎論が研究されだしたのは，このような自己矛盾命題を数学の中から排除していこうというのが主な動機であった．

論理演算　　ちょうど 2 つの数を足したり掛けたりして新しい数を得ることを演算というように，いくつかの命題を結合して新しい命題を作る操作を**論理演算** (logical operation) という．2 つの命題 P, Q の基本的な結合として，次の 4 つが考えられている．

> $P \wedge Q$　：　**論理積** (logical product, かつ)，P かつ Q である．
> $P \vee Q$　：　**論理和** (logical sum, または)，P または Q である．
> $\neg P$　：　**否定** (negation)，P でない．
> $P \Rightarrow Q$　：　**含意** (implication)，P ならば Q である．
> さらに，上の組合せで，次も仲間に入れる．
> $P \Leftrightarrow Q$　：　**同等** (equivalence)，$(P \Rightarrow Q) \wedge (Q \Rightarrow P)$

$\wedge, \vee, \neg, \Rightarrow, \Leftrightarrow$ を論理記号ともいう．

例 1.2 2つの命題

$$P:36\text{ は }2\text{ で割り切れる} \qquad Q:36\text{ は }3\text{ で割り切れる}$$

について，

(1) $P \wedge Q$ ： 36 は 2 で割り切れ，かつ 3 で割り切れる．
(2) $P \vee Q$ ： 36 は 2 で割り切れるか，または 3 で割り切れる．
(3) $\neg P$ ： 36 は 2 で割り切れない．
(4) $P \Rightarrow Q$ ： 36 は 2 で割り切れるならば，36 は 3 で割り切れる．

(1) 命題 $P \wedge Q$ が真（T）になるためには，P と Q が同時に真でなければならないことは陳述文から容易にわかる．

(2) 一方，命題 $P \vee Q$ は，その陳述文を直観的に解釈すると誤解を生むことがある．命題 $P \vee Q$ は，P と Q の少なくとも一方が真のとき真になる．

(3) 命題 P の否定 $\neg P$ については，P が真のときに $\neg P$ は偽になり，P が偽のときに $\neg P$ は真になることも容易にわかる．

(4) 一般に，「$\cdots$ ならば」といういい方は因果関係を示すときに用いられるので，この命題を奇異に感じるかもしれないが，この例は真である．実は数学では，$P \Rightarrow Q$ という命題は，P が真で Q が偽であるときに限って偽となる命題であると割り切って考える．いい換えれば，P が偽であるかまたは Q が真のときには真となる命題で，結局 $\neg P \vee Q$ という命題と同じ意味のことをいっているのである（後の問題 1.1 を参照）．

$P \Rightarrow Q$ は「P ならば Q」と読むが，日常的な意識と違って P と Q との間に特に因果関係を考慮していない．

★ P が偽ならば Q の真偽にかかわらず $P \Rightarrow Q$ が真となるという論理図式は，実は我々の日常会話の中でもよく使われている．「君が天才ならば，僕はナポレオンのお袋さ」などのように，相手のいい分 P を強く否定しようとするときに，絶対真にはなり得ないなるべく突飛な主張 Q を持ち出して「$P \Rightarrow Q$」といい返すのはよく見られる発想である．

論理式と真理値　　算術と数学の違いは変数を用いるか否かであるという．「これ」とか「彼」とかの代名詞が文章を書きやすくしたように，算数の中に数の代名詞である変数が導入されたことによって，その効用は飛躍的に増加した．そこでこの考えを論理にも導入する．

これまでに挙げた命題の例は，それぞれ内容あるいは具体性をもっていた．いまここでその具体性を抽象し去り，「任意の命題 P」という概念を導入し，これを**命題変数** (proposition variable) という．

ここからは，命題 P や Q が何を意味しようが一向に気にかけない．重要なのは個々の命題変数 P, Q の値が真か偽かということだけである．

命題変数と論理記号を用いて命題を形式的に構成したものを**論理式** (formula) という．単独の命題変数は論理式であり，P が論理式ならば $\neg P$ も論理式であり，したがって $\neg(\neg P)$ も論理式である．

また「関数」という考え方を用いると，「論理式は命題変数を変数とする1価関数で，命題変数の定義域は $\{T (真), F (偽)\}$ であり，論理式の値域もまた $\{T, F\}$ である」ということもできる．

ある論理式 P が n 個の命題変数 $P_1, P_2, \cdots, P_n$ で構成されているならば，各命題変数に T, F の値を代入する場合の数は 2^n 通りである．その各々の場合について論理式の値が T か F のいずれかに定まる．この値をその論理式の**真理値** (truth value) という．

次の表は例 1.2 で紹介した論理式の**真理値表**（真理表ともいう）である．以下ではこれを公理とする．これをもとに任意の論理式の真理値を計算できる．

真理値表

P	Q	$\neg P$	$\neg Q$	$P \wedge Q$	$P \vee Q$	$P \Rightarrow Q$	$Q \Rightarrow P$	$P \Leftrightarrow Q$
T	T	F	F	T	T	T	T	T
T	F	F	T	F	T	F	T	F
F	T	T	F	F	T	T	F	F
F	F	T	T	F	F	T	T	T

例題 1.1

次の論理式の真理値表は次のようになる．
 (1)　$P \wedge (P \Rightarrow Q)$　　(2)　$P \Rightarrow (Q \Rightarrow P)$

P	Q	$P \Rightarrow Q$	$Q \Rightarrow P$	$P \wedge (P \Rightarrow Q)$	$P \Rightarrow (Q \Rightarrow P)$
T	T	T	T	T	T
T	F	F	T	F	T
F	T	T	F	F	T
F	F	T	T	F	T

問題

1.1 命題 $(P \Rightarrow Q) \Leftrightarrow (\neg P \vee Q)$ の真理値を計算しなさい．

P	Q	$\neg P$	$P \Rightarrow Q$	$\neg P \vee Q$	$(P \Rightarrow Q) \Leftrightarrow (\neg P \vee Q)$
T	T				
T	F				
F	T				
F	F				

この問題は例 1.2(4) を真理値を使って確認するもので，論理記号 $\wedge$, $\vee$, $\neg$, $\Rightarrow$, $\Leftrightarrow$ を用いた命題は，$\wedge$, $\vee$, $\neg$ で表すことができることを示す．

恒真命題と同値命題　　上の例題 1.1 (2) のように，それに含まれる命題変数が真か偽かにかかわりなく常に真理値が真 (T) となるような論理式を**恒真命題**，または**トウトロジー** (tautology) という．

論理式 $P \Leftrightarrow Q$ が恒真命題であるとき，論理式 P と Q は**同値** (equivalent) であるといい，次のように書き表すことにする：

$$P \equiv Q$$

★ 英語で tautology といえば同義語を反復する修辞法のことであり，「馬から落ちて落馬した」などがよく例として挙げられる．

「ものの集まりを集合という」,「数の列を数列という」などもæ立派な tautology である.これらはすべて「$P \Rightarrow P$」という形をしているが,これが典型的な恒真命題である.問題 1.1 からこれは「$P \vee (\neg P)$」と同値命題であるが,この形に書かれた恒真命題は重要で,**排中律** (law of the excluded middle) といわれている.これはどのような命題 P もそれが真であるかまたは偽であるかのいずれかであることを主張している.

定理 1.1 次が成り立つ:
(1) $\neg (\neg P) \equiv P$
(2) $(P \Rightarrow Q) \equiv (\neg Q \Rightarrow \neg P)$
(3) $P \vee (Q \wedge R) \equiv (P \vee Q) \wedge (P \vee R)$
(4) $P \wedge (Q \vee R) \equiv (P \wedge Q) \vee (P \wedge R)$
(5) $\neg (P \vee Q) \equiv (\neg P) \wedge (\neg Q)$
(6) $\neg (P \wedge Q) \equiv (\neg P) \vee (\neg Q)$

証明はいずれも容易なので,演習とする.

■問 題■

1.2 定理 1.1 を,真理値表を作って確かめなさい.

定理 1.1 (1) は,否定を 2 度繰り返すと元に戻ることを示す.

(2) において,$\neg Q \Rightarrow \neg P$ を $P \Rightarrow Q$ の**対偶** (contraposition) という.$P \Rightarrow Q$ が真ならば,その対偶 $\neg Q \Rightarrow \neg P$ も真である.

(3) と (4) は**分配律** (distributive law) とよばれている.

(5) と (6) は**ド・モルガン** (A.de Morgan, 1806~1871) **の法則**といわれる.

(3) と (4),(5) と (6) はいずれも互いに $\wedge$ と $\vee$ を入れ替えたものになっている.一般に,論理記号 $\wedge$, $\vee$, $\neg$ によって合成された 2 つの論理式 P と Q が同値ならば,P と Q の中の $\wedge$ と $\vee$ を入れ替えて得られる 2 つの論理式 P' と Q' もまた同値である.これを論理における**双対原理** (duality principle) という.

命題関数　命題関数については既に例 1.1 の解説のところで述べた．命題変数以外の変数（命題変数と区別するために**項変数** (term variable) ともいわれる）を含み，その項変数に具体的な事物を当てはめてはじめて命題となり，その真偽が定まるものであった．

例 1.3　命題関数
(1)　$P(n)$：「n は素数である」．
(2)　$Q(x)$：「x は 5 より大きい」．
(3)　$R(x, y)$：「x は y の妹である」．
これらの n, x, y が Alphabet であるとすると，すべて偽の命題であるが，実際にはここに具体的な事物を代入して命題とする．

ところで上の例 1.3 (1) で n に「猫」を代入すると，「猫は素数である」という無意味な命題となる．数学では，命題関数の項変数にはそれに当てはめるべき事物の範囲を指定してあるのが普通である．この範囲をその項変数の**定義域** (domain) または**対象領域** (object domain) という．

例 1.3 (1) では，n の対象領域はすべての自然数，(2) では x の対象領域はすべての実数，(3) では x, y の対象領域ははすべての人間とするのが自然であろう（必ずしもこれに限らないが）．(3) のように命題の中に含まれる項変数はいくつあってもよいし，各項変数の対象領域が異なってもよい．

★　n 変数の命題関数を n 変数の**述語** (predicate) ということもある．そして，1 変数の述語を**性質** (property)，n 変数 ($n \geqq 2$) の述語を **n 項関係** (n-ary relation) ということがある．

　　例 1.3 (1) で 「自然数の中で 3 は素数という性質を持つ」，
　　例 1.3 (3) で 「花子と月子は，花子が月子の妹であるという関係がある」
というように読むと，「性質」とか「関係」という用語の意味が理解されやすい．数学では特に 2 項関係 (binary relation) が多数登場する．

限定記号　ここでいくつかの有名な数学の定理を挙げてみる．

(イ) 任意の自然数に対してそれより大きい素数が存在する (Euclid, BC300 頃)

(ロ) どのような代数方程式にも複素数の根が存在する (C.F.Gauss, 1777〜1855)

(ハ) すべての偶数は 2 つの素数の和として表せる (Goldbach, 1690〜1764, の予想)

このように数学の定理では「どのような…」,「任意の…」,「すべての…」(この 3 つの形容詞は数学ではほとんど同義語として用いられる) および「存在する」という言葉を含むことが多い．このような定理を形式化し, 論理式の形で表現するために, 2 つの **限定記号** (quantifier) が導入された.

命題関数 $P(x)$ に対して,

(定義域の) 任意の x に対して $P(x)$ が真であるという命題を $\forall x P(x)$, $P(x)$ が真となるような x が (定義域に) 存在するという命題を $\exists x P(x)$

で表す．$\forall$ を **全称記号** (universal quantifier), $\exists$ を **存在記号** (existential quantifier) という．また, $\forall x P(x)$ と $\exists x P(x)$ を **限定命題** という.

★ それぞれ, 英語の Any または All の A と, Exist の E をひっくり返したものである．いま命題関数 $P(x)$ が「x は性質 P をもつ」という主張を表すとき,
　$\forall x P(x)$ は「対象領域内のすべての対象は性質 P をもつ」, あるいは
　　　　　　「任意の (すべての) x に対して $P(x)$ が成り立つ」
などと読み,
　$\exists x P(x)$ は「対象領域内に性質 P をもつ対象が存在する」, あるいは
　　　　　　「ある x が存在して, それに対して $P(x)$ が成り立つ」
などと読む．

次に限定命題の否定を考えてみよう.
　$\forall x P(x)$ を否定した命題 $\neg (\forall x P(x))$ は,
　「すべての x に対して $P(x)$ が成り立つという主張は誤りである」

という命題であるから，いい換えれば

「$P(x)$ が偽となるような x も存在する」

と同じことになり，よって命題 $\exists x(\neg P(x))$ と同値である．

同様に，$\exists xP(x)$ を否定した命題 $\neg(\exists xP(x))$ は，

「$P(x)$ が真となるような x が存在するという主張は誤りである」

という命題であるから，いい換えれば

「どの x についても $P(x)$ は偽となる」

と同じことになり，結局命題 $\forall x(\neg P(x))$ と同値になる．

これらを定理としてまとめておく．

定理 1.2 (1) $\neg(\forall xP(x)) \equiv \exists x(\neg P(x))$
(2) $\neg(\exists xP(x)) \equiv \forall x(\neg P(x))$

★ 定理 1.2 を**一般化されたド・モルガンの法則**という．実際 x の対象領域がただ 2 元よりなるとき，この両辺を $\vee$, $\wedge$ を用いて書き直せば定理 1.1 (5), (6) となる．なお，(1) の両辺は「x は必ずしも $P(x)$ でない」という主張だから P について**一部否定** (partial negation)，(2) の両辺は「x は決して $P(x)$ とならない」という主張だから P についての**全部否定** (total negation) の命題という．

例題 1.2

次式が成り立つ．
$$\neg(\forall x(A(x) \Rightarrow B(x))) \equiv \exists x(A(x) \wedge (\neg B(x)))$$

証明 定理 1.2 (1) の $P(x)$ に当たるものが $A(x) \Rightarrow B(x)$ である．問題 1.1 と定理 1.1 より，$\neg(A(x) \Rightarrow B(x)) \equiv \neg(\neg A(x) \vee B(x)) \equiv A(x) \wedge (\neg B(x))$. よって，定理 1.2 (1) を使うと，証明すべき式が得られる． ◆

問題

1.3 次式が成り立つことを証明しなさい．
$$\forall x(A(x) \Rightarrow (\neg B(x))) \equiv \neg(\exists x(A(x) \wedge B(x)))$$

1.2 集　　合

集合　　数学でいう集合とは何か？集合論 (set theory) の創始者カントール (G.Cantor, 1845～1918) の定義を引用しよう.

「**集合** (英 set, 仏 ensemble, 独 Menge) とは，われわれの直観または思考の対象で，確定していて，互いに明確に区別されるものを1つの全体としてまとめたものである.」

記号を用いながら，上の定義を整理してみよう.

思考の対象を一般に x や y で表し，それらの一定の集まりを S で表すことにする. S が集合であるためには，次の2つの条件を満たすことが要求されている.

(1)　任意の思考の対象 x について所属が確定している. すなわち

$$x \in S \ (x \text{ は } S \text{ に属する}) \text{ であるか,}$$
$$x \notin S \ (x \text{ は } S \text{ に属さない}) \text{ であるか}$$

が明確に規定されている.

(2)　S の任意の要素 x, y が明確に区別されている. すなわち

$$x = y \text{ であるか}, \ x \neq y \text{ であるか}$$

が明確に規定されている.

この集合 S に属する個々の対象を S の**要素** (element, entry) または**元**という.

★ このような集合の定義ではいろいろ具合の悪い難点を含んでいる. しかし，この定義で大学での数学に特に支障は生じないので，以下はこの定義に基づいた**素朴集合論** (naive set theory) の立場で議論を進める.

集合の表示は2つある. その1つは，集合の要素を書き並べる方法（**外延的定義** (extensive definition) という）で,

$$\{1, 2, 3, 4, 6, 12\}$$

のように表す. もう1つは，命題関数 $P(x)$ を用いる方法（**内包的定義**

(intensive definition) という）で，$P(x)$ が真であるような要素 x の全体からなる集合を

$$\{x \mid P(x)\} \quad あるいは \quad \{x : P(x)\}$$

と表すものである．例えば，最初に挙げた集合は

$$\{x \mid x は 12 の約数\}$$

のように表すことができる．

x が集合 A の要素であることを

$$x \in A \quad または \quad A \ni x$$

と表し，「x は A に**属する**」または「A は x を**含む**」という．

また，x が A の要素でないことを，次のように表す：

$$x \notin A \quad または \quad A \not\ni x$$

★ 「A は x を含む」の受け身形で，「x は A に**含まれる**」といういい方もあるが，この表現は極力使わないことにする（次の部分集合の項を参照）．

$x \in S$ であることを性質 $P(x)$ として $S = \{x \mid P(x)\}$ として書けるから，集合に関する議論はすべて述語論理に置き換えることができる．ただし，項変数の対象領域はある定まった 1 つの集合（例えば「実数全体」のように）とし，これを**普遍集合** (universal set) あるいは**宇宙** (universe) とよぶ．普遍集合 U を強調したいときは，$\{x \mid x \in U,\ P(x)\}$ あるいは $\{x \in U \mid P(x)\}$ などの表示をすることがある．

2 つの集合 $A = \{x \mid P(x)\},\ B = \{x \mid Q(x)\}$ について，

$$\begin{aligned} A \subset B &\equiv \forall x(P(x) \Rightarrow Q(x)) \\ &\equiv x \in A \Rightarrow x \in B : 包含 \text{ (inclusion)} \end{aligned}$$

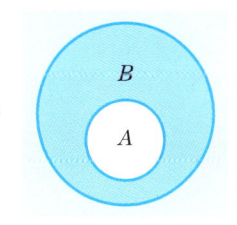

と定義し，A は B の**部分集合** (subset) であるという．

このとき「A は B に**含まれる**」，「B は A を含む」ともいい，$B \supset A$ と表してもよい．

A が B の部分集合でないことを次のように表す：

$$A \not\subset B \quad \text{または} \quad B \not\supset A$$

★ $A \not\subset B \equiv \neg(\forall x(P(x) \Rightarrow Q(x))) \equiv \neg(\forall x(\neg P(x) \lor Q(x)))$
$\equiv \exists\, x(P(x) \land (\neg Q(x)))$

そこで，2つの集合 A と B が相等しいことを，

$$A = B \equiv \forall x(P(x) \Leftrightarrow Q(x))$$
$$\equiv x \in A \Leftrightarrow x \in B \quad :\text{相等 (equality)}$$

によって，つまり，「$A \subset B$ かつ $A \supset B$」が成り立つ場合と定義する．

部分集合の定義から，任意の集合 B について，$B \subset B$ である．$A \subset B$ かつ $A \neq B$ であるような部分集合 A を B の**真部分集合** (proper subset) といい，$A \subsetneq B$ または $B \supsetneq A$ で示す．

和集合・共通集合　2つの集合 $A = \{x \mid P(x)\}$, $B = \{x \mid Q(x)\}$ に対して，

$A \cup B = \{x \mid P(x) \lor Q(x)\}$:和集合 (union)
$A \cap B = \{x \mid P(x) \land Q(x)\}$:共通集合 (共通部分；intersection)
$A^c = \{x \mid \neg P(x)\}$ 　　　　　:補集合 (complement)

の3つの演算を定義する．ここで和集合や共通集合は A と B に共通の普遍集合を想定し，補集合は普遍集合に関するものである．

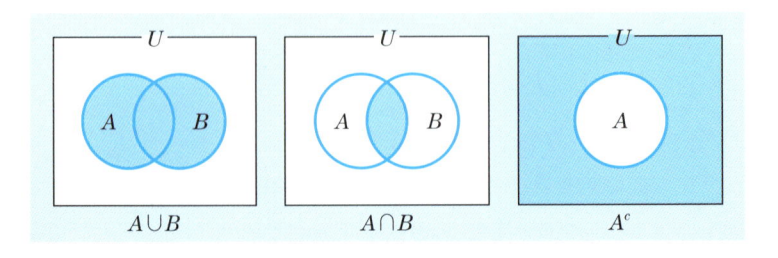

★ 集合 A と B の和集合 $A \cup B$ は A または B に属する要素からなる集合であり，共通集合 $A \cap B$ は A と B の両方に属する要素からなる集合であり，A の補集合 A^c は A に属さない要素からなる集合であるから，集合の記号を使って次のように表せる：

$$A \cup B = \{x \mid x \in A \text{ または } x \in B\},$$
$$A \cap B = \{x \mid x \in A \text{ かつ } x \in B\},$$
$$A^c = \{x \mid x \notin A\}.$$

対象領域のいかなる要素を代入しても真となる命題（$P(x) \vee (\neg P(x))$ など）には普遍集合 U が対応し，いかなる要素を代入しても偽となる命題（たとえば $P(x) \wedge (\neg P(x))$ など）には**空集合** (empty set, null set) $\emptyset$ が対応する．

★ 空集合は要素が1つもない集合であり，空集合はどんな集合についてもその部分集合である．どのような普遍集合のもとで空集合を考えても，空集合はすべて相等しい．つまり，空集合は1つしかない．また，

$$(A^c)^c = A, \quad U^c = \emptyset, \quad \emptyset^c = U$$

である．

例題 1.3 ────────────────────────── 分配律 ─

次の分配律が成り立つ．
(3) $A \cup (B \cap C) = (A \cup B) \cap (A \cup C)$
(4) $A \cap (B \cup C) = (A \cap B) \cup (A \cap C)$

証明 (3) を証明する．定理 1.1 (3) を用いる．

(3) $\begin{aligned}x \in A \cup (B \cap C) &\Leftrightarrow (x \in A) \vee (x \in B \cap C) \\ &\Leftrightarrow (x \in A) \vee ((x \in B) \wedge (x \in C)) \\ &\Leftrightarrow ((x \in A) \vee (x \in B)) \wedge ((x \in A) \vee (x \in C)) \\ &\Leftrightarrow (x \in A \cup B) \wedge (x \in A \cup C) \\ &\Leftrightarrow x \in (A \cup B) \cap (A \cup C)\end{aligned}$ ◆

---例題 **1.4**--------------------------------ド・モルガンの法則---

次のド・モルガンの法則が成り立つ．
 (5) $(A \cup B)^c = A^c \cap B^c$
 (6) $(A \cap B)^c = A^c \cup B^c$

証明 (5) を証明する．定理 1.1 (5) を用いる．
 (5) $\quad x \in (A \cup B)^c \Leftrightarrow \neg(x \in A \cup B)$
$\qquad\qquad\qquad \Leftrightarrow \neg((x \in A) \vee (x \in B))$
$\qquad\qquad\qquad \Leftrightarrow (\neg(x \in A)) \wedge (\neg(x \in B))$
$\qquad\qquad\qquad \Leftrightarrow (x \in A^c) \wedge (x \in B^c)$
$\qquad\qquad\qquad \Leftrightarrow x \in A^c \cap B^c \qquad\qquad\qquad\blacklozenge$

■**問　題**

1.4 (1) 例題 1.3 (4) を証明しなさい．
 (2) 例題 1.4 (6) を証明しなさい．

1.5 集合 A, B に対して，

$$A - B = \{x \mid x \in A \text{ かつ } x \in B^c\} = A \cap B^c : 差集合 \text{ (difference)}$$
$$A \triangle B = (A - B) \cup (B - A) : 対称差 \text{ (symmetric difference)}$$

と定める．次が成り立つことを証明しなさい．
 (1) $A \triangle A = \emptyset$
 (2) $A \triangle \emptyset = A$
 (3) $(A \triangle B) \triangle C = A \triangle (B \triangle C)$

1.2 集合

巾集合・直積集合　これから学ぶ数学では，集合を要素とする集合を考えることがしばしば起こる．「集合の集合；a set of sets」のように「集合；set」の文字が重複するので，この場合は**集合族**あるいは**集合系** (family of sets) などとよぶことが多い．

集合 A のすべての部分集合からなる集合族を A の**巾集合** (power set) とよび，2^A で表す．A の部分集合の個数を数え上げてみれば，この 2^A という奇妙な記法の意味が納得できる．

例 1.4　集合 $\{a,b\}$ の部分集合は次の 4 つである．

$$\varnothing, \quad \{a\}, \quad \{b\}, \quad \{a,b\}$$

問題

1.6　(1)　集合 $\{a,b,c\}$ の部分集合をすべて挙げなさい．
　　(2)　n 個の要素からなる集合の部分集合は 2^n であることを示しなさい．

集合 Λ の元 λ に対して，集合 A_λ があるとする．つまり，

$$\text{集合族 } \boldsymbol{A} = \{A_\lambda \mid \lambda \in \Lambda\}$$

が与えられたとする．

$\boldsymbol{A}$ に属する集合 A_λ の元すべてからなる集合を $\bigcup_{\lambda \in \Lambda} A_\lambda$ と表し，これを $A_\lambda\ (\lambda \in \Lambda)$ の**和集合** (union) という．すなわち，

$$x \in \bigcup_{\lambda \in \Lambda} A_\lambda \quad \Leftrightarrow \quad \exists \mu \in \Lambda \ (x \in A_\mu)$$

また，$\boldsymbol{A}$ に属するどの集合 A_λ にも属する元からなる集合を $\bigcap_{\lambda \in \Lambda} A_\lambda$ と表し，これを $A_\lambda\ (\lambda \in \Lambda)$ の**共通集合** (intersection) という．すなわち，

$$x \in \bigcap_{\lambda \in \Lambda} A_\lambda \quad \Leftrightarrow \quad \forall \lambda \in \Lambda \ (x \in A_\lambda)$$

Λ が 2 つの要素からなる集合の場合は，もちろん前の定義と一致する．

---例題 1.5--ド・モルガンの法則---

普遍集合 U の部分集合の集合族 $A = \{A_\lambda \mid \lambda \in \Lambda\}$ について，次のド・モルガンの法則が成り立つ．

$$(1) \quad \left(\bigcup_{\lambda \in \Lambda} A_\lambda\right)^c = \bigcap_{\lambda \in \Lambda} A_\lambda^c \qquad (2) \quad \left(\bigcap_{\lambda \in \Lambda} A_\lambda\right)^c = \bigcup_{\lambda \in \Lambda} A_\lambda^c$$

証明 (1) $x \in \left(\bigcup_{\lambda \in \Lambda} A_\lambda\right)^c \Leftrightarrow \neg\left(x \in \bigcup_{\lambda \in \Lambda} A_\lambda\right)$
$\Leftrightarrow \neg(\exists\, \mu \in \Lambda \,(x \in A_\mu))$
$\Leftrightarrow \forall \lambda \in \Lambda \,(x \in A_\lambda^c) \Leftrightarrow x \in \bigcap_{\lambda \in \Lambda} A_\lambda^c$

(2) (1) を用いた証明を与える．

$$\left(\bigcap_{\lambda \in \Lambda} A_\lambda\right)^c = \left(\bigcap_{\lambda \in \Lambda} (A_\lambda^c)^c\right)^c = \left(\left(\bigcup_{\lambda \in \Lambda} A_\lambda^c\right)^c\right)^c = \bigcup_{\lambda \in \Lambda} A_\lambda^c \qquad \blacklozenge$$

■問 題

1.7 普遍集合 U の部分集合の集合族 $\boldsymbol{A} = \{A_\lambda \mid \lambda \in \Lambda\}$ と部分集合 B について，次が成り立つことを証明しなさい．

(1) $\left(\bigcup_{\lambda \in \Lambda} A_\lambda\right) \cap B = \bigcup_{\lambda \in \Lambda} (A_\lambda \cap B)$

(2) $\left(\bigcap_{\lambda \in \Lambda} A_\lambda\right) \cup B = \bigcap_{\lambda \in \Lambda} (A_\lambda \cup B)$

(3) $\left(\bigcup_{\lambda \in \Lambda} A_\lambda\right) \cup B = \bigcup_{\lambda \in \Lambda} (A_\lambda \cup B)$

(4) $\left(\bigcap_{\lambda \in \Lambda} A_\lambda\right) \cap B = \bigcap_{\lambda \in \Lambda} (A_\lambda \cap B)$

(1), (2) を分配律，(3), (4) を結合律という．

集合 A, B の元の順序対のすべてからなる集合を A と B の**直積集合**とよび，$A \times B$ で表す．

$$A \times B = \{(x, y) \mid x \in A, y \in B\} \quad :\textbf{直積集合}\ (\text{direct product})$$
$$(x, y) = (x', y') \Leftrightarrow (x = x') \wedge (y = y')$$

であることに注意．したがって，$A \neq B$ のときは，$A \times B \neq B \times A$ である．とくに $A = B$ のとき，$A \times A$ を A^2 と書く．また，$A = \emptyset$ または $B = \emptyset$

の場合は $A \times B$ を空集合と定める；
$$A \times \emptyset = \emptyset \times B = \emptyset \times \emptyset = \emptyset.$$

例 1.5 中学校・高等学校で学んだように，実数の全体の集合を $\mathbb{R}$ とすると，$\mathbb{R}$ の要素（実数）は数直線上の点と対応する（詳しくは次章で述べる）．平面上に互いに直交する 2 本の直線をとり，それぞれ x 軸，y 軸と名付け，それをもとに平面上の各点 P を座標 (a, b) で表すことができた．これは，平面を 2 つの $\mathbb{R}$ の直積 $\mathbb{R} \times \mathbb{R} = \mathbb{R}^2$ とみなしたことに相当する．

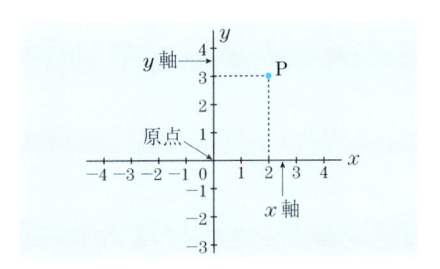

■ **問　題** ■

1.8 集合 A と B の元の個数が，それぞれ m と n の場合，直積 $A \times B$ の元の個数は $m \times n$ であることを確かめなさい．

n 個の集合 A_1, A_2, $\cdots$, A_n の**直積集合**は同様にして次のように定義する：
$$\prod_{i=1}^{n} A_i = A_1 \times A_2 \times \cdots \times A_n$$
$$= \{(x_1, x_2, \cdots, x_n) \,|\, x_1 \in A_1, x_2 \in A_2, \cdots, x_n \in A_n\}$$
$$(x_1, x_2, \cdots, x_n) = (y_1, y_2, \quad , y_n)$$
$$\Leftrightarrow \quad (x_1 = y_1) \wedge (x_2 = y_2) \wedge \cdots \wedge (x_n = y_n)$$

ここで，A_i をこの直積集合の**第 i 因子**といい，x_i を元 $(x_1, x_2, \cdots, x_n)$ の第 i 座標ということがある．

また，$A = A_1 = A_2 = \cdots = A_n$ のときにこの直積を A^n で表す．

★ この講義の主題は，実数の集合 $\mathbb{R}$ といくつかの $\mathbb{R}$ の直積集合であるユークリッド空間 $\mathbb{R}^n$ で，第 2 章以降で詳しく論ずる．

1.3 写　　像

写像　A, B を 2 つの空でない集合とする．A の各要素に対して，B の要素を 1 つ対応させる規則 f を集合 A から集合 B への**写像** (map, mapping) といい，
$$f : A \to B, \quad A \xrightarrow{f} B$$
などのように表す．このとき，A を写像 f の**定義域**，**始集合**または**始域**などといい，B を f の**値域**，**終集合**または**終域**などという．また，要素 $a \in A$ に対応する要素 $b \in B$ を写像 f による a の**像** (image) といい，$b = f(a)$ と表す．逆に，a を f による b の**原像**(preimage) という．

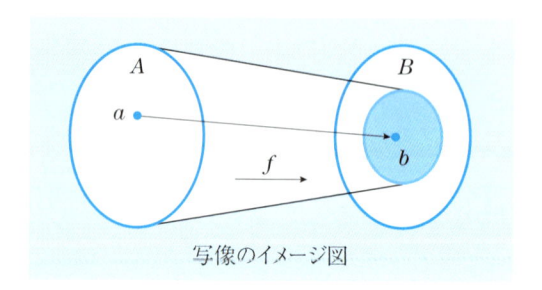

写像のイメージ図

★ A, B が実数や複素数（の部分集合）などのような数に関する集合の場合，写像 $f : A \to B$ を**関数** (function) ということが多い．このとき，$a \in A$ の像 $b = f(a)$ を f による a の**値**ともいう．

　2 つの写像 $f : A \to B$, $g : A \to B$ が（写像として）**等しい**とは，任意の要素 $a \in A$ について常に $f(a) = g(a)$ が成り立つ場合をいい，$f = g$ で示す．
$$f = g \quad \equiv \quad \forall a \in A \, (f(a) = g(a)).$$

★「写像 $f : A \to B$」という場合，A のどの要素に対してもその像がただ 1 つだけ定まらなければならない．しかし，$a, a' \in A$ に対して，$a \neq a'$ であっても $f(a) \neq f(a')$ とは限らない；つまり，$f(a) = f(a')$ となってもかまわない．
　また，B の要素すべてが，f による A のある要素の像となる必要はない．

1.3 写 像

写像 $f: A \to B$ が**単射** (injection; injective) であるとは，$a, a' \in A$ について，$a \neq a'$ ならば $f(a) \neq f(a')$ が成り立つ場合をいう：
$$\forall a, a' \in A\, (a \neq a' \Rightarrow f(a) \neq f(a')).$$

★ 写像 $f: A \to B$ が単射であることを示す際に，対偶「$f(a) = f(a') \Rightarrow a = a'$」を示す方が楽なことがよくある．

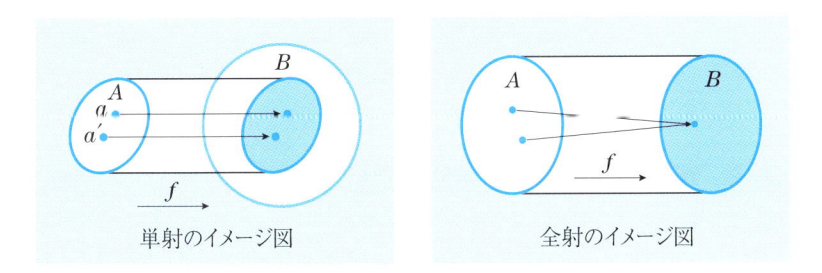

単射のイメージ図　　　　　全射のイメージ図

写像 $f: A \to B$ が**全射** (surjection; surjective; onto) であるとは，任意の $b \in B$ に対して，$f(a) = b$ となる $a \in A$ が存在する場合をいう：
$$\forall b \in B, \exists a \in A\, (f(a) = b).$$

写像 $f: A \to B$ が単射でかつ全射であるとき，f は**全単射** (bijection; bijective) であるという．

2つの写像 $f: A \to B$, $g: B \to C$ について，各要素 $a \in A$ に対し，C の要素 $g(f(a))$ を対応させると，集合 A から集合 C への写像となる．これを f と g の**合成写像** (composite mapping) といい，$g \circ f$ で表す．すなわち，
$$g \circ f: A \to C;\ (g \circ f)(a) = g(f(a)),\ (a \in A).$$

★ 上の $g \circ f$ を順序を逆にして，$f \circ g$ と表す流儀もあるので，注意．

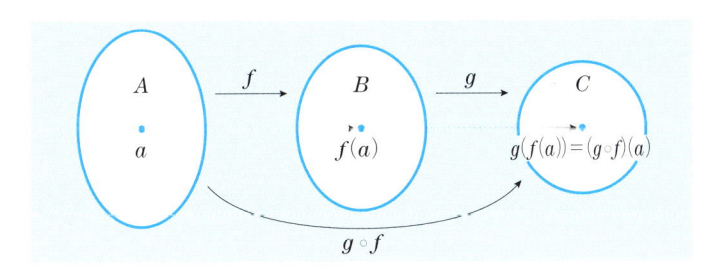

---例題 1.6--結合律---

写像 $f: A \to B$, $g: B \to C$, $h: C \to D$ の合成写像について，次が成り立つ．

$$h \circ (g \circ f) = (h \circ g) \circ f \quad : A \to D$$

証明 任意の $a \in A$ について，次が成り立つ：

$$(h \circ (g \circ f))(a) = h((g \circ f)(a)) = h(g(f(a)))$$
$$= (h \circ g)(f(a)) = ((h \circ g) \circ f)(a) \qquad ◆$$

■問 題■

1.9 $\mathbb{R}$ を実数全体の集合とする．写像 $f: \mathbb{R} \to \mathbb{R}$, $g: \mathbb{R} \to \mathbb{R}$ が下の式で与えられている．合成写像 $f \circ g$, $g \circ f$, $f \circ f$, $g \circ g$ を式で与えなさい．

$$f(x) = 2x + 1; \quad g(x) = x^2 + 3$$

---例題 1.7---

$f: A \to B$, $g: B \to C$ を写像とすると次が成り立つ．

(1) f, g が共に単射ならば，合成写像 $g \circ f$ も単射である．
(2) f, g が共に全射ならば，合成写像 $g \circ f$ も全射である．

証明 (1) $a, a' \in A$ について，$(g \circ f)(a) = (g \circ f)(a')$ ならば，合成写像の定義から $g(f(a)) = g(f(a'))$. g が単射であるから，$f(a) = f(a')$. ところが f も単射であるから，$a = a'$ となる．よって $g \circ f$ は単射である．

(2) 任意の $c \in C$ に対して，g が全射だから，$b \in B$ が存在して $c = g(b)$ となる．この b に対して，f も全射だから，$a \in A$ が存在して $b = f(a)$ となる．$c = g(f(a)) = (g \circ f)(a)$ だから，$g \circ f$ は全射である． ◆

■問 題■

1.10 $f: A \to B$, $g: B \to C$ を写像とする．次を証明しなさい．

(1) 合成写像 $g \circ f$ が単射ならば，f も単射である．
(2) 合成写像 $g \circ f$ が全射ならば，g も全射である．

1.3 写像

集合 A が集合 B の部分集合であるとき,各要素 $a \in A$ に対して同じ $a \in B$ を対応させる写像 $i : A \to B$ を**包含写像** (inclusion map) という.特に,$A = B$ のときの包含写像を A 上の**恒等写像** (identity map) といい,

$$I_A : A \to A$$

で表す.

$$i : A \to B, \quad i(a) = a; \quad I_A : A \to A, \quad I_A(a) = a$$

包含写像は常に単射であり,恒等写像は全単射である.

■問題

1.11 $f : A \to B, g : B \to A$ を写像とする.$g \circ f = I_A$ ならば,f は単射であり,g は全射であることを示しなさい.

ヒント 上の問題 1.10 を使う.これを使わないで直接証明すると,問題 1.10 の証明をほとんど辿ることになる.例えば,
(f が単射であることの証明) $a, a' \in A$ について,$f(a) = f(a')$ とする.両辺を g で再び A の要素に対応させると,

$$a = I_A(a) = (g \circ f)(a) = g(f(a)) = g(f(a'))$$
$$= (g \circ f)(a') = I_A(a') = a'$$

よって f は単射である. ◆

写像 $f : A \to B$ が全単射であるとする.f が全射であるから,各 $b \in B$ に対して,$a \in A$ が存在して $f(a) = b$ となる.ところが,f は単射でもあるから,このような a はただ 1 つである.そこで,b に対してこの a を対応させることによって B から A への写像が定まる.この写像を f の**逆写像** (inverse map) といい,$f^{-1} : B \to A$ で表す;$f^{-1}(b) = a \Leftrightarrow f(a) = b$.

■問題

1.12 $f : A \to B, g : B \to A$ を写像とする.$g \circ f = I_A$ かつ $f \circ g = I_B$ ならば,g は f の(f は g の)逆写像であることを証明しなさい.

像と逆像　$f : X \to Y$ を写像とする．
(1)　部分集合 $A \subset X$ に対して，f による A の**像** (image) $f(A)$ を，
$$f(A) = \{f(a) \,|\, a \in A\}$$
と定義する．明らかに，$f(A) \subset Y$ である．
(2)　部分集合 $B \subset Y$ に対して，f による B の**逆像** (inverse image) $f^{-1}(B)$ を，
$$f^{-1}(B) = \{x \in X \,|\, f(x) \in B\}$$
と定義する．明らかに，$f^{-1}(B) \subset X$ である．

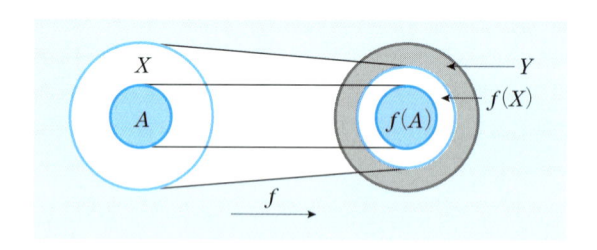

★ 逆像を表すのに，逆写像と同じ記号 f^{-1} を用いるので紛らわしいが，逆写像は「写像」，逆像は「集合」だから，少し注意すれば混同することはない．

★ 逆像に関しては，$a \in X$ について，「$a \in f^{-1}(B) \Leftrightarrow f(a) \in B$」をよく使う．

例 1.6　写像 $f : \mathbb{R} \to \mathbb{R}$ が $f(x) = x^2$ で与えられている．おなじみのように，$y = f(x)$ のグラフは，定義域の $\mathbb{R}$ を x 軸，値域の $\mathbb{R}$ を y 軸として，座標平面 $\mathbb{R}^2$ 上に集合 $\{(x, f(x)) \,|\, x \in \mathbb{R}\}$ を描いたものである．さて，
(1)　$A = \{x \in \mathbb{R} \,|\, 1 \leqq x \leqq 2\}$ とすると，
$$f(A) = \{y \in \mathbb{R} \,|\, 1 \leqq y \leqq 4\}.$$
(2)　$B = \{y \in \mathbb{R} \,|\, 1 \leqq y \leqq 4\}$ とすると，
$$f^{-1}(B) = \{x \in \mathbb{R} \,|\, -2 \leqq x \leqq -1\} \cup \{x \in \mathbb{R} \,|\, 1 \leqq x \leqq 2\}.$$

1.3 写像

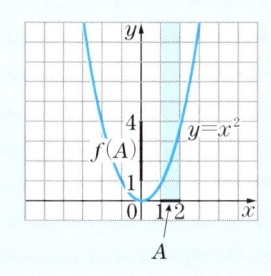

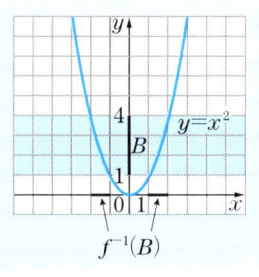

― 例題 1.8 ―

$f: X \to Y$ を写像とし, $A \subset X, B \subset Y$ とする. 次が成り立つ.

(1) $f(f^{-1}(B)) \subset B$

(2) $f^{-1}(f(A)) \supset A$

(3) f が全射ならば, $f(A^c) \supset (f(A))^c$

(4) f が単射ならば, $f(A^c) \subset (f(A))^c$

(5) $f^{-1}(B^c) = (f^{-1}(B))^c$

証明 (1) $y \in f(f^{-1}(B)) \Rightarrow \exists x \in f^{-1}(B)(y = f(x))$
$\Rightarrow y = f(x) \in B.$ ∴ $f(f^{-1}(B)) \subset B.$

(2) $x \in A \Rightarrow f(x) \in f(A) \Rightarrow x \in f^{-1}(f(A)).$ ∴ $A \subset f^{-1}(f(A)).$

(3) $y \in (f(A))^c \Leftrightarrow y \in Y - f(A) \Leftrightarrow y \in Y \wedge y \notin f(A)$
$\Rightarrow \exists x \in X(y = f(x))(\because f \text{ が全射}) \wedge y \notin f(A)$
$\Rightarrow x \in A^c \Rightarrow y \in f(A^c).$ ∴ $(f(A))^c \subset f(A^c)$

(4) $y \in f(A^c) \Rightarrow \exists x \in A^c(y = f(x))$
ところで, $\exists x' \in A(y = f(x'))$ と仮定すると, f の単射性から, $x = x'$ となって, 矛盾.
∴ $y \notin f(A)$ ∴ $y \in (f(A))^c.$ ∴ $f(A^c) \subset (f(A))^c.$

(5) $x \in f^{-1}(B^c) \Leftrightarrow f(x) \in B^c \Leftrightarrow \neg(f(x) \in B)$
$\Leftrightarrow \neg(x \in f^{-1}(B)) \Leftrightarrow x \in (f^{-1}(B))^c.$

■ 問 題

1.13 上の例題 1.8 の (1) と (2) に関して, 一般には等号が成立しないことを, 例 1.6 の写像を使って示しなさい.

> **定理 1.3** $f: X \to Y$ を写像とする．任意の部分集合 $A_1, A_2 \subset X$；$B_1, B_2 \subset Y$ について，次が成り立つ．
> (1) $f(A_1 \cup A_2) = f(A_1) \cup f(A_2)$
> (2) $f(A_1 \cap A_2) \subset f(A_1) \cap f(A_2)$
> (3) $f^{-1}(B_1 \cup B_2) = f^{-1}(B_1) \cup f^{-1}(B_2)$
> (4) $f^{-1}(B_1 \cap B_2) = f^{-1}(B_1) \cap f^{-1}(B_2)$

証明 (1) $y \in Y$ について，

$$\begin{aligned}
y \in f(A_1 \cup A_2) &\Leftrightarrow \exists x \in A_1 \cup A_2 (y = f(x)) && \text{(像の定義)} \\
&\Leftrightarrow (\exists x \in A_1 (y = f(x))) \lor (\exists x \in A_2 (y = f(x))) \\
& && \text{(和集合の定義)} \\
&\Leftrightarrow y \in f(A_1) \lor y \in f(A_2) && \text{(像の定義)} \\
&\Leftrightarrow y \in f(A_1) \cup f(A_2)
\end{aligned}$$

(2) $y \in Y$ について，

$$\begin{aligned}
y \in f(A_1 \cap A_2) &\Leftrightarrow \exists x \in A_1 \cap A_2 (y = f(x)) && \text{(像の定義)} \\
&\Rightarrow (\exists x \in A_1 (y = f(x))) \land (\exists x \in A_2 (y = f(x))) \\
& && \text{(共通集合の定義)} \\
&\Leftrightarrow y \in f(A_1) \land y \in f(A_2) && \text{(像の定義)} \\
&\Leftrightarrow y \in f(A_1) \cap f(A_2)
\end{aligned}$$

(3) $x \in X$ について，

$$\begin{aligned}
x \in f^{-1}(B_1 \cup B_2) &\Leftrightarrow f(x) \in B_1 \cup B_2 && \text{(逆像の定義)} \\
&\Leftrightarrow f(x) \in B_1 \lor f(x) \in B_2 && \text{(和集合の定義)} \\
&\Leftrightarrow x \in f^{-1}(B_1) \lor x \in f^{-1}(B_2) && \text{(逆像の定義)} \\
&\Leftrightarrow x \in f^{-1}(B_1) \cup f^{-1}(B_2)
\end{aligned}$$

(4) $x \in X$ について，

$$\begin{aligned}
x \in f^{-1}(B_1 \cap B_2) &\Leftrightarrow f(x) \in B_1 \cap B_2 && \text{(逆像の定義)} \\
&\Leftrightarrow f(x) \in B_1 \land f(x) \in B_2 && \text{(共通集合の定義)} \\
&\Leftrightarrow x \in f^{-1}(B_1) \land x \in f^{-1}(B_2) && \text{(逆像の定義)} \\
&\Leftrightarrow x \in f^{-1}(B_1) \cap f^{-1}(B_2)
\end{aligned}$$

◆

問題

1.14 上の定理 1.3 の (2) において，写像 f が単射ならば，等号が成り立つことを証明しなさい．また，例 1.6 の写像を利用して，(単射でないならば) 等号が成立しない例を挙げなさい．

例題 1.9

$f: X \to Y$ を写像とする．X の部分集合族 $\{A_\lambda \mid \lambda \in \Lambda\}$ と Y の部分集合族 $\{B_\mu \mid \mu \in M\}$ に関して，次が成立する．

(1) $f\left(\bigcup_{\lambda \in \Lambda} A_\lambda\right) = \bigcup_{\lambda \in \Lambda} f(A_\lambda)$

(2) $f\left(\bigcap_{\lambda \in \Lambda} A_\lambda\right) \subset \bigcap_{\lambda \in \Lambda} f(A_\lambda)$

(3) $f^{-1}\left(\bigcup_{\mu \in M} B_\mu\right) = \bigcup_{\mu \in M} f^{-1}(B_\mu)$

(4) $f^{-1}\left(\bigcap_{\mu \in M} B_\mu\right) = \bigcap_{\mu \in M} f^{-1}(B_\mu)$

証明 いずれの証明も上の定理 1.3 の証明と本質的に同じである．(1) と (2) は演習問題として残し，(3) と (4) の証明をする．

(3) $x \in X$ について，

$$
\begin{aligned}
x \in f^{-1}\left(\bigcup_{\mu \in M} B_\mu\right) &\Leftrightarrow f(x) \in \bigcup_{\mu \in M} B_\mu && \text{(逆像の定義)} \\
&\Leftrightarrow \exists\, \alpha \in M (f(x) \in B_\alpha) && \text{(和集合の定義)} \\
&\Leftrightarrow \exists\, \alpha \in M (x \in f^{-1}(B_\alpha)) && \text{(逆像の定義)} \\
&\Leftrightarrow x \in \bigcup_{\mu \in M} f^{-1}(B_\mu)
\end{aligned}
$$

(4) $x \in X$ について，

$$
\begin{aligned}
x \in f^{-1}\left(\bigcap_{\mu \in M} B_\mu\right) &\Leftrightarrow f(x) \in \bigcap_{\mu \in M} B_\mu && \text{(逆像の定義)} \\
&\Leftrightarrow \forall \mu \in M (f(x) \in B_\mu) && \text{(共通集合の定義)} \\
&\Leftrightarrow \forall \mu \in M (x \in f^{-1}(B_\mu)) && \text{(逆像の定義)} \\
&\Leftrightarrow x \in \bigcap_{\mu \in M} f^{-1}(B_\mu)
\end{aligned}
$$

◆

問題

1.15 上の例題 1.9 (1) と (2) を証明しなさい．

1.4 2項関係

相等関係 S を集合とするとき,集合の定義で述べたように,S の2つ要素 x, y について,x と y が同じ要素 $x = y$ であるか,異なる要素 $x \neq y$ であるかが規定されていなければならない.またこれまで,「2つの集合が相等しい」とか「2つの写像が相等しい」など,新しい対象が定義されるたびに「相等しい」ことの定義をしてきた.この点を曖昧にしておくと数学にならないからである.この相等関係には次の条件が要請される:

$$x = x \qquad \text{(反射律)}$$
$$x = y \ \Rightarrow \ y = x \qquad \text{(対称律)}$$
$$x = y \wedge y = z \ \Rightarrow \ x = z \qquad \text{(推移律)}$$

反射律は,同じ文字 x が異なる要素として用いられることを禁じている.対称律は,相等関係が書く順序に無関係であることを意味する.

2項関係 相等関係はある集合上の2つの要素の関係である.一般に,2つの要素間の関係(2つの要素からなる命題)を **2項関係** とよんだ.数学では,いろいろな対象が2項関係として捉えることができる.ここではこの2項関係について,今後の学習に必要なことをまとめておくことにする.

例 1.7 実数全体の集合 $\mathbb{R}$ 上で2文字の等式 $x^2 + y^2 = 1$ や不等式 $y > 2x$ もそれぞれ2要素間の関係である.このような等式や不等式を満足する実数の対 (x, y) 全体を xy–平面 $\mathbb{R} \times \mathbb{R}$ 上に図形 $\boldsymbol{R}$ で描くことができる.要素 $(a, b) \in \mathbb{R} \times \mathbb{R}$ を与えたとき,$(a, b) \in \boldsymbol{R}$ であるか $(a, b) \notin \boldsymbol{R}$ であるかにしたがって,a と b がこれらの等式や不等式を満たすか否かが判定できる.

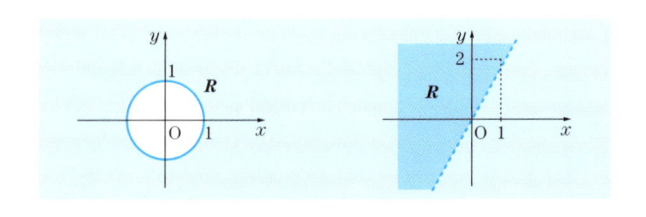

一般に，集合 A と集合 B の間の**関係** (relation) とは，直積集合 $A \times B$ の部分集合 $\boldsymbol{R}$ のことである．$(a,b) \in \boldsymbol{R}$ のとき，$a \in A$ と $b \in B$ は関係 $\boldsymbol{R}$ を満たすといい，「関係」らしさを表すために $a\boldsymbol{R}b$ という表し方もよく使われる．

特に，集合 A と A の間の関係 $\boldsymbol{R}$ を A 上の **2 項関係**という．

例 1.8 集合 A から集合 B への写像 $f : A \to B$ に対して，順序対の集合

$$\boldsymbol{F} : \{(a, f(a)) \mid a \in A\} \subset A \times B$$

を写像 f の**グラフ** (graph) とよぶ．

逆に，部分集合 $\boldsymbol{F} \subset A \times B$ が次の性質

(m)　各 $a \in A$ に対して，$(a,b) \in \boldsymbol{F}$ となる $b \in B$ がただ 1 つだけ存在する

を満たすならば，$\boldsymbol{F}$ をグラフとする写像 f がただ 1 つ決定する．したがって，写像 $f : A \to B$ とは，性質 (m) を満たすような部分集合（つまりグラフ）$\boldsymbol{F}$ によって定まる A と B の間の関係である．

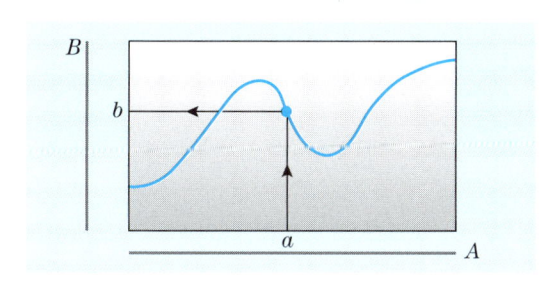

上の例のように，(2 項) 関係を議論する際には，いくつかの性質を付加して考察することが多い．

同値関係　集合 X 上の 2 項関係 $\boldsymbol{R} \subset X \times X$ が次の 3 条件を満たすとき，これを X 上の**同値関係** (equivalence relation) という．

(E1)　$\forall x \in X((x,x) \in \boldsymbol{R})$ 　　　　　　　　　　　　　　　（反射律）
(E2)　$\forall x,y \in X((x,y) \in \boldsymbol{R} \Rightarrow (y,x) \in \boldsymbol{R})$ 　　　　　　　（対称律）
(E3)　$\forall x,y,z \in X((x,y) \in \boldsymbol{R} \wedge (y,z) \in \boldsymbol{R} \Rightarrow (x,z) \in \boldsymbol{R})$ 　（推移律）

★ 上の3条件 (E1), (E2), (E3) をまとめて**同値律**ということがある．相等関係 $x = y$ を $x\boldsymbol{R}y$ とみれば，相等関係 = は同値律を満たすから，同値関係である．したがって，同値関係は相等関係を「ゆるめた」概念である．

■ 問 題

1.16 上の同値関係の3つの条件 (E1), (E2), (E3) を，$(x, y) \in \boldsymbol{R}$ に代えて，$x\boldsymbol{R}y$ を用いて書いてみなさい．

例 1.9 X を平面上の図形全体の集合とする．2つの図形 $A, B \in X$ が合同であることを $A \equiv B$ で，相似であることを $A \backsim B$ で書けば，$\equiv$ と $\backsim$ はいずれも X 上の同値関係である．

★ この例のように，同値関係は必ずしも $X \times X$ の部分集合の形で与えられていない．しかし，合同とか相似の定義が明確であれば，対応する部分集合 $\boldsymbol{R} \subset X \times X$ が確定する．

例題 1.10

$\mathbb{Z}$ を整数全体の集合とする．
$$\boldsymbol{R} = \{(m, n) \mid m - n \text{ は 2 の倍数}\} \subset \mathbb{Z} \times \mathbb{Z}$$
は $\mathbb{Z}$ 上の同値関係である．

[証明] (E1) 任意の $n \in \mathbb{Z}$ について，$n - n = 0$ で 0 は 2 の倍数だから，$n\boldsymbol{R}n$.
(E2) $m\boldsymbol{R}n$ とすると，整数 k が存在して，$m - n = 2k$ となる．
$$n - m = -(m - n) = 2(-k)$$
だから，$n - m$ も 2 の倍数である，つまり，$n\boldsymbol{R}m$.
(E3) $m\boldsymbol{R}n$, $n\boldsymbol{R}s$ とすると，整数 k, h が存在して，$m - n = 2k$, $n - s = 2h$ となる．2つの式を辺々加えると，
$$m - s = (m - n) + (n - s) = 2k + 2h = 2(k + h)$$
となり，$m - s$ も 2 の倍数である，つまり，$m\boldsymbol{R}s$. ◆

1.4 2項関係

■ 問 題 ■

1.17 $\mathbb{Z}$ を整数全体の集合とし，p を 1 より大きい整数とする．

$$\boldsymbol{R} = \{(m,n) \mid m-n \text{ は } p \text{ の倍数}\} \subset \mathbb{Z} \times \mathbb{Z}$$

とすれば，$\boldsymbol{R}$ は $\mathbb{Z}$ 上の同値関係であることを証明しなさい．

★ $m-n$ が p の倍数であることを，m と n は p を法として合同であるともいい，$m \equiv n \pmod{p}$ と表すのも知っての通りである．

同値類 集合 X 上に同値関係 $\boldsymbol{R}$ が与えられている．このとき，$a \in X$ に同値な要素全体の集合 $C(a)$ を a の（または a を含む）**同値類** (equivalence class) という；

$$C(a) = \{x \in X \mid x\boldsymbol{R}a\}.$$

このような同値類は当然 X の部分集合である．そして同値類を要素とする X の部分集合族を $X/\boldsymbol{R}$ で表し，X の $\boldsymbol{R}$ による**商集合** (quotient set) という；

$$X/\boldsymbol{R} = \{C(a) \mid a \in X\}.$$

> **定理 1.4** $\boldsymbol{R}$ を集合 X 上の同値関係とすると，次が成り立つ：
> (1) $a \in X \Rightarrow a \in C(a)$
> (2) $X = \bigcup_{a \in X} C(a)$
> (3) $a\boldsymbol{R}b \Leftrightarrow C(a) = C(b)$
> (4) $\neg(a\boldsymbol{R}b) \Leftrightarrow C(a) \cap C(b) = \varnothing$

証明 (1) 任意の $a \in X$ について，$a\boldsymbol{R}a$ であるから $a \in C(a)$．
(2) 上の (1) と和集合の定義により，明らか．
(3) ($\Rightarrow$) $x \in C(a)$ ならば $x\boldsymbol{R}a$．これと仮定 $a\boldsymbol{R}b$ から $x\boldsymbol{R}b$． $\therefore$ $x \in C(b)$.
($\Leftarrow$) $a \in C(a)$ で，仮定 $C(a) = C(b)$ より，$a \in C(b)$． $\therefore$ $a\boldsymbol{R}b$.
(4) ($\Rightarrow$) 背理法による．$\neg(a\boldsymbol{R}b)$ で，$C(a) \cap C(b) \neq \varnothing$ と仮定する．$\forall x \in C(a) \cap C(b)$ について，$x\boldsymbol{R}a$, $x\boldsymbol{R}b$ が成り立つから，$a\boldsymbol{R}b$．これは仮定に反する．よって，$C(a) \cap C(b) = \varnothing$.
($\Leftarrow$) $C(a) \cap C(b) = \varnothing$ ならば，(1) より $C(a) \neq \varnothing \neq C(b)$ だから $C(a) \neq C(b)$．(3) の対偶「$\neg(a\boldsymbol{R}b) \Leftrightarrow C(a) \neq C(b)$」より，$\neg(a\boldsymbol{R}b)$ が結論される． ◆

集合 X 上に同値関係 $\boldsymbol{R}$ が与えられたとき，上の定理 1.4 から X は互いに共通の要素をもたないいくつかの同値類に区分けされる．また，定理 1.4 (3) より，ある同値類 $C(a)$ について，$x \in C(a)$ ならば $C(x) = C(a)$ となる．したがって，各同値類から 1 つの要素 x を選ぶとその同値類が確定する．この意味で，各同値類 C に属する各要素を C の**代表元** (representative) という．

さらに，各要素 $x \in X$ に x の同値類 $C(x)$ を対応させることにすれば，定理 1.4 より，$x\boldsymbol{R}y \Leftrightarrow \gamma(x) = \gamma(y)$ であるから，この対応

$$\gamma : X \to X/\boldsymbol{R}; \quad \gamma(x) = C(x), \quad (x \in X)$$

は全射であることがわかる．この写像を**自然な射影** (natural projection)，または**商写像** (quotient mapping) という．このようにして，X 上の同値関係は X を定義域とする 1 つの写像と見ることができる．

例 1.10 問題 1.17 の例について，その同値類は，

$C(0) = \{\cdots, -2p, -p, 0, p, 2p, \cdots\} = \{np \mid n \in \mathbb{Z}\} = C(p)$,

$C(1) = \{\cdots, -2p+1, -p+1, 1, p+1, 2p+1, \cdots\} = \{np+1 \mid n \in \mathbb{Z}\}$,

$C(2) = \{\cdots, -2p+2, -p+2, 2, p+2, 2p+2, \cdots\} = \{np+2 \mid n \subset \mathbb{Z}\}$,

$\cdots\cdots$

$C(p-1) = \{np + (p-1) \mid n \in \mathbb{Z}\}$

であり，各同値類の典型的な代表元として，上から順に，0（または p），1, 2, 3, $\cdots$, $p-1$ が使われる．

順序関係 集合 X 上の 2 項関係 $\leqq \subset X \times X$ が次の 3 条件を満たすとき，これを X 上の**順序関係** (order relation) という．

(E1) $\forall x \in X (x \leqq x)$ （反射律）

(E3) $\forall x, y, z \in X (x \leqq y \wedge y \leqq z \Rightarrow x \leqq z)$ （推移律）

(E4) $\forall x, y \in X (x \leqq y \wedge y \leqq x \Rightarrow x = y)$ （反対称律）

また，順序関係 ≦ を指定した集合 $(X, \leqq)$ を **順序集合** (ordered set) または **半順序集合** (partially ordered set) という．

例 1.11 実数全体の集合 $\mathbb{R}$ において，$x \leqq y$ を通常の大小関係とすると，≦ はもちろん $\mathbb{R}$ 上の順序関係である．ただし，不等号 < は順序関係ではない．実際，反射律を満たさない．

例 1.12 集合 X の巾集合 2^X において，2項関係 $\subset$ を，
$$\subset = \{(A, B) \in 2^X \times 2^X \mid A \subset B\}$$
とすると，これは 2^X 上の順序関係であり，通常 2^X 上の **包含関係** (inclusion relation) といわれる．

★ 順序関係とは，上の例からわかるように，実数の大小関係や集合の包含関係を一般化・抽象化したものである．

■ 問 題 ■

1.18 集合 $X \neq \varnothing$ を定義域とし，実数全体の集合 $\mathbb{R}$ を値域とする写像の全体を $\mathbb{R}^X$ とする．$f, g \in \mathbb{R}^X$ に対して，
$$f \leqq g \equiv \forall x \in X(f(x) \leqq g(x))$$
と定義すると，≦ は $\mathbb{R}^X$ 上の順序関係であることを証明しなさい．

半順序集合 $(X, \leqq)$ において，$A \subset X, A \neq \varnothing$ とすると，$(A, \leqq)$ も自然に半順序集合となる．さて，次の用語を導入する．

半順序集合 $(X, \leqq)$ において，2つの要素 x, y が，$x \leqq y$ または $y \leqq x$ の関係にあるとき，x と y は **比較可能** であるという．

(1) $a \in X$ が A の **最大元** (maximum element) であるとは，$a \in A$ であって，任意の $x \in A$ について，$x \leqq a$ が成り立つ場合をいい，$a = \max A$ で表す．

(2) $b \in X$ が A の **最小元** (minimum element) であるとは，$b \in A$ であって，任意の $x \in A$ について，$b \leqq x$ が成り立つ場合をいい，$b = \min A$ で表す．

(3) $s \in X$ が A の 1 つの **上界**(upper bound) であるとは，任意の $x \in A$ について，$x \leqq s$ が成り立つ場合をいう．

　　特に，A の上界全体の集合 S に最小元があれば，それを A の**上限** (supremum) といい，$\sup A$ で表す．

(4) $t \in X$ が A の 1 つの **下界** (lower bound) であるとは，任意の $x \in A$ について，$t \leqq x$ が成り立つ場合をいう．

　　特に，A の下界全体の集合 T に最大限があれば，それを A の**下限** (infimum) といい，$\inf A$ で表す．

(5) A の上界が存在するとき，A は**上に有界**であるといい，下界が存在するとき，**下に有界**であるという．そして，上に有界で，下にも有界であるとき，単に**有界** (bounded) であるという．

半順序集合 $(X, \leqq)$ において，その任意の要素 x, y が比較可能であるとき，この順序 $\leqq$ を**全順序** (total order) といい，$(X, \leqq)$ を**全順序集合** (totally ordered set) という．

例 1.13 上の例 1.11 で挙げた実数全体の集合 $\mathbb{R}$ 上に通常の大小関係 $\leqq$ によって定めた順序は全順序であり，$(\mathbb{R}, \leqq)$ は全順序集合である．

一方，例 1.12 においては，X の部分集合 A, B について，$A \subset B$ でもなく $A \supset B$ でもない場合が起こるので，2^X には比較可能でない要素もある．つまり，$\subset$ は全順序ではなく，$(2^X, \subset)$ は全順序集合ではない．

★ 本書の主題の 1 つは，全順序集合としての $\mathbb{R}'$ を調べることにあり，第 2 章の 2.1 節で扱う．

第2章

実　　数

「自然数は神が創りたもうた．他の数は人間が作ったものである．」クロネッカー（Leopold Kronecker（1823〜1891））．　古代ギリシャの時代から実数は少しずつ拡張され，身近な存在となったが，19世紀になって改めて構成され，その詳細が研究されることとなった．この章では，まずこの構成法を概観した後，実数の性質について論ずる．

2.1　実数の構成

自然数・整数・有理数　小学校に入学する前から $1, 2, 3, \cdots$ と数えるのを覚えたことであろう．ものを数えることが文明の発祥の1つであったと考えられる．文明などと大げさなことをいわなくとも，言語の発生とほとんど時を同じくして，どの部族・民族にも数詞が誕生している．しかし，3人の人間，3本の木，3匹の犬，等の計数の間から共通の要素を抽出し，「3」という抽象化された数の概念に到達するには相当な時間を要した．

★　日本語では，鳥は何羽，家畜は何頭，魚は何尾と数えるなどと，やかましく定められたいわゆる**諸等数**がたくさんあり，日本語の奥深さと目貰する人もいるが，反面抽象化の遅れと見ることもできるし，抽象化の難しさの名残とみることもできる．

このように自然発生的に世界中で誕生し，漠然と直観的に扱われてきた自然数であるが，これに近代的な厳密な定義づけを行ったのはペアノ（G. Peano, 1858〜1932）で19世紀のことである（ペアノの公理系）．（ここでは詳しくは触れない）．自然数（natural numbers）の全体を $\mathbb{N}$ で表す：

$$\mathbb{N} = \{1, 2, 3, 4, 5, \cdots\}$$

自然数は，数えるつまり数量を表す**基数**（cardinals）の概念と，順番あるいは順序を表す**順序数**（ordinals）の概念をもち合わせる．

自然数のもつ基数の概念から，自然数どうしの加法（足し算）なる演算 $+$ が定義され，さらに乗法（掛け算）$\times$ も定義され，これらの演算に関して閉じていること，すなわち 2 つの自然数 m と n の和 $m+n$ と積 $m \times n \, (= m \cdot n = mn)$ は再び自然数となることがわかる．

しかし $\mathbb{N}$ は，加法の逆演算である減法（引き算）$-$ に関しては閉じていない．減法に関しても閉じるように自然数を拡張して新しい数の体系を構成したものが**整数**（英 integers, 独 Zahlen）であり，整数の全体を $\mathbb{Z}$ で表す：

$$\mathbb{Z} = \{\cdots, -5, -4, -3, -2, -1, 0, 1, 2, 3, 4, 5, \cdots\}$$

$\mathbb{Z}$ は加法・減法・乗法に関して閉じているが，乗法の逆演算である除法（割り算）$\div$ に関しては閉じていない．そこで，0 で割ることを除いて，除法も可能となるように（つまり，$ax = b$ が解けるように），整数を拡張して新しい数の体系を構成したものが**有理数**（rational numbers）であり，2 つの整数の比 $b/a \, (a \neq 0)$ で表せるものである．ただし，2 つの有理数 $x = b/a$, $y = d/c \, (a \neq 0 \neq c)$ は，$ad = bc$ が成り立つときに相等しい（$x = y$）と定める．有理数の全体を $\mathbb{Q}$ で表す：

$$\mathbb{Q} = \{b/a \mid a \in \mathbb{Z}, b \in \mathbb{Z}, a \neq 0\}$$

有理数の基本的性質についてはよく知っていることと思うが，改めてまとめておく．

定理 2.1（有理数の加法・乗法に関する基本命題） $\mathbb{Q}$ においては加法 $+$ と乗法 $\cdot$ の 2 つの演算が定義され，以下の性質を満たす；$x, y, z \in \mathbb{Q}$ について，

[**Q1**] 1.（加法に関する結合法則） $x + (y + z) = (x + y) + z$

2.（加法に関する交換法則） $x + y = y + x$

3. （加法単位元の存在） $\quad x + 0 = x = 0 + x$

  4. （加法逆元の存在） $\quad \forall x \in \mathbb{Q}\ (\exists!\ y \in \mathbb{Q} : x + y = y + x = 0)$

ここで，∃! は「ただ 1 つ存在」することを表す．この y を $-x$ と記す．

[**Q2**] 1. （乗法に関する結合法則）$\quad x \cdot (y \cdot z) = (x \cdot y) \cdot z$

  2. （乗法に関する交換法則）$\quad x \cdot y = y \cdot x$

  3. （乗法単位元の存在）$\quad x \cdot 1 = x = 1 \cdot x$

  4. (**乗法逆元の存在**) $\forall x \in \mathbb{Q} - \{0\}(\exists!\ y \in \mathbb{Q} - \{0\} : x \cdot y = y \cdot x = 1)$

この y を x^{-1} または $1/x$ と記す．

[**Q3**] （分配法則）$\quad x \cdot (y + z) = x \cdot y + x \cdot z$
$$(x + y) \cdot z = x \cdot z + y \cdot z$$

定理 2.2（順序に関する基本命題） $\mathbb{Q}$ 上には順序関係 $\leqq$ が定義され，次を満たす；$x, y, z \in \mathbb{Q}$ について，

  (1) $(x \leqq y) \vee (y \leqq x)$．しかも，$(x \leqq y) \wedge (y \leqq x) \Leftrightarrow x = y$

  (2) $(x \leqq y) \wedge (y \leqq z) \Rightarrow x \leqq z$

  (3) $x \leqq y \Rightarrow \forall z (x + z \leqq y + z)$

  (4) $(x \leqq y) \wedge (0 \leqq z) \Rightarrow x \cdot z \leqq y \cdot z$

$(x \leqq y) \wedge (x \neq y)$ のとき，$x < y$ と記すことにする．また，$x \leqq y$ と $x < y$ を，それぞれ $y \geqq x, y > x$ とも記す．

$x > 0$ なるとき x は**正**（positive），$x < 0$ なるとき x は**負**（negative）であるという．

$|x|$ は，$x \geqq 0$ なるとき x，$x < 0$ なるとき $-x$ を表すと定義し x の**絶対値**（absolute value）という．

(1) は $\forall x, y \in \mathbb{Q}$ について，$x = y, x < y, y < x$ の中のいずれか 1 つが成り立つことを示す．

また，(2), (3), (4) は，$\leqq$ を $<$ に置き換えても成り立つ；つまり，

(2′)　$(x<y) \wedge (y<z) \Rightarrow x<z$

(3′)　$x<y \Rightarrow \forall z\,(x+z<y+z)$

(4′)　$(x<y) \wedge (0<z) \Rightarrow x\cdot z < y\cdot z$

(4″)　$(x>0) \wedge (y>0) \Rightarrow x\cdot y > 0$

問 題

2.1 上の定理を利用して，次を証明しなさい．

(1) $x>0 \Rightarrow -x<0$

(2) $x\neq 0 \Rightarrow x\cdot x = x^2 \neq 0.$（したがってとくに $1>0$）

(3) $x>0 \Rightarrow x^{-1} > 0$

数直線　　直線 L 上に 0 に対応する点 O（原点）と 1 に対応する点 E を指定する．正の有理数 $x=b/a$ に対して，次の条件を満たす L 上の点 X を対応させる：

　　　X は O に関して E と同じ側にあり，　(OX)：(OE) $= b:a$

ここで (OX), (OE) は線分 OX, OE の長さを表す．

負の有理数 $y=-(d/c)$ $(c>0, d>0)$ に対しては，次の条件を満たす L 上の点 Y を対応させる：

　　　Y は O に関して E と反対側にあり，　(OY)：(OE) $= d:c$

こうして各有理数には L 上の 1 点が対応する．上の対応で，x を点 X の座標といい，y を点 Y の座標という．このようにして，座標が定められた直線を **数直線**（number line）といい，有理数に対応する点を **有理点** という．

異なる有理数 x, y について，$x<y$ ならば，$x < \dfrac{x+y}{2} < y$ で，しかも $z=\dfrac{x+y}{2}$ は有理数であるから，x と y の間には第 3 の有理数 z が存在する．

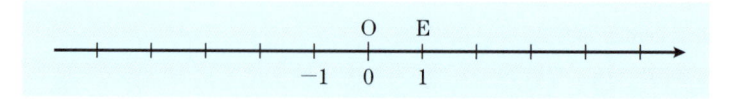

数直線

2.1 実数の構成

同様にして，x と z の間にも，z と y の間にも有理数が存在するから，この議論を繰り返すことによって，x と y の間には無限に多くの有理数が存在することがわかる．このことを，有理数の**稠密性**（density）という．

この事実を数直線上で見ると，「2 つの異なる有理点 X，Y の間には，無限に多くの有理点が存在する」ということになる．

無理数　　数直線上には有理点ではない点が存在することを知っている．実際，1 辺の長さが 1 の正方形の対角線の長さは $\sqrt{2}$ であり，これが有理数でないことも高等学校で学んだ．

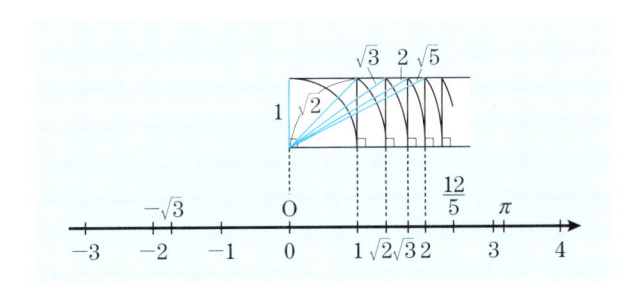

そこで数直線上の点に対応する数がいつでも存在するように，有理数の他に新たな数，すなわち**無理数**（irrational numbers）を導入する．

★　無理数の存在は古代ギリシャの時代にピタゴラス学派によって知られた．$\sqrt{2}$ は方程式 $x^2 - 2 = 0$ の解の 1 つである．一般に，整数 $a_0, a_1, a_2, \cdots, a_{n-1}, a_n$ を係数とする代数方程式 $a_0 x^n + a_1 x^{n-1} + a_2 x^{n-2} + \cdots + a_{n-1} x + a_n = 0$ の解となる数を**代数的数**（algebraic numbers）という．

代数的でない数を**超越数**（transcendental numbers）という．超越数の存在を最初に示したのはエルミート（C. Hermite, 1822〜1901）で，1873 年のことである．彼は自然対数の底 e が超越数であることを証明し，続いてリンデマン（C.L.F. Lindemann, 1852〜1939）が 1882 年に円周率 π が超越数であることをほとんど同じ方法で証明した．超越数の構成法もいくつか知られており，超越数も無限にあることがわかる．

★　高等学校の数学では，数直線を導入した後，数直線上の点に対応する数を「実数」と定義する．

数直線上のすべての点に対応するような数の体系の構成は，1870 年代にドイツ人のデデキント（J.W.R. Dedekind, 1831～1916）とカントール（前出）によって独立になされた．デデキントの方法は「切断」という概念を用い，カントールの方法は「コーシー列」を用いるものである．以下ではデデキントの方法で実数を構成する．

有理数の切断　有理数の全体 $\mathbb{Q}$ を，次の条件①，②にしたがって 2 つの集合 A, B に分けるとき，それを**有理数の切断**といい，$\langle A \mid B \rangle$ で表す：

① $\quad A \cup B = \mathbb{Q}, \quad A \cap B = \emptyset, \quad A \neq \emptyset, \quad B \neq \emptyset$

② $\quad (a \in A) \wedge (b \in B) \quad \Rightarrow \quad a < b$

このように定めた有理数の切断には，次の 4 つの場合が考えられる：

(第 1)　A には最大の数 a が存在するが，B には最小の数がない．
(第 $1'$)　A には最大の数がなく，B には最小の数 b が存在する．
(第 2)　A には最大の数がなく，B には最小の数がない．
(第 3)　A には最大の数 a が存在し，B には最小の数 b が存在する．

ところで（第 3）の場合が起こらないことは，有理数の稠密性から直ちにわかる．実際，②から $a < b$ だから，$a < c < b$ なる有理数 c が存在するが，このような c は A にも B にも属さない．これは①に反する．

（第 1）と（第 $1'$）の場合が実際に起こることは簡単にわかる．実際，有理数 r に対して，$A = \{x \in \mathbb{Q} \mid x \leq r\}$, $B = \{y \in \mathbb{Q} \mid y > r\}$ とすれば，切断 $\langle A \mid B \rangle$ は（第 1）の場合であり，$A' = \{x \in \mathbb{Q} \mid x < r\}$, $B' = \{y \in \mathbb{Q} \mid y \geq r\}$ とすると切断 $\langle A' \mid B' \rangle$ は（第 $1'$）の場合である．実は，（第 $1'$）の場合は，B の最小の数 b を A に編入すると，b は新しい A の最大の数となり，切断 $\langle A \cup \{b\} \mid B - \{b\} \rangle$ は（第 1）の場合となる．そこで，有理数の切断では（第 $1'$）の切断はこのように変形した（第 1）の場合を意味することにする．

2.1 実数の構成

(第2)の場合も実際に起こるが,その例を挙げるのは単純ではない.実はこの切断を使ってこれから実数を定めようというわけであるが,(第1)の場合が有理数に相当し,(第2)の場合が無理数に相当する.そこで無理数 $\sqrt{2}$ を定義する切断 $\langle A \mid B \rangle$ を結果として見ておくことにする;

$$A = \{x \in \mathbb{Q} \mid x < \sqrt{2}\}, \quad B = \{y \in \mathbb{Q} \mid y > \sqrt{2}\}$$

これでは $\sqrt{2}$ を直接使っているので不純であるが,かたちを変えて,例えば, $A = \{x \in \mathbb{Q} \mid x \leq 0\} \cup \{x \in \mathbb{Q} \mid x > 0, x^2 < 2\}$, $B = \{y \in \mathbb{Q} \mid y > 0, y^2 > 2\}$ のようにするとよい.

実数の定義　(第1)の場合は,切断 $\langle A \mid B \rangle$ は有理数 a を定義するものとし,記号

$$a = \langle A \mid B \rangle$$

で表す(a は A の最大の数である).(第2)の場合は,切断 $\langle A \mid B \rangle$ は(A と B の境界として)1つの**無理数** α を定義するものとし,記号

$$\alpha = \langle A \mid B \rangle$$

で表す.このように定義された有理数と無理数を総称して**実数**(real numbers)という.以下,実数の全体を $\mathbb{R}$ で表す.

以上がデデキントの実数(とくに無理数)の定義である.これだけでは単なる呼称に過ぎない.実数 α といっても,今のところ有理数の切断 $\langle A \mid B \rangle$ があるだけである.われわれが日頃慣れ親しんでいる実数がもち合わせる大小関係や四則演算などがうまく定義できて始めて実数の概念が確定する.

実数の大小　有理数の切断によって定義された実数の大小を定義する.2つの実数 $x = \langle A \mid B \rangle, y = \langle C \mid D \rangle$ について,次のように定める:

(1)　集合として $A = C$ のとき,$x = y$　:x と y は等しい,

(2)　集合として $A \subsetneq C$ のとき,$x < y$　:x は y より小さい

(または,y は x より**大きい**)

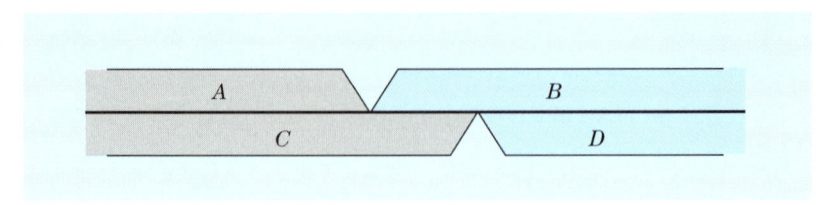

(1) $A = C$ の場合は必然的に $B = D$ であり，(2) $A \subsetneq C$ の場合は必然的に $B \supsetneq D$ である．この定義は，次の補題により保証される．

> **補題 2.1** 2つの実数 $x = \langle A \mid B \rangle, y = \langle C \mid D \rangle$ について，集合 A と C の間には次の3つの関係のうちの1つが，しかもただ1つのみが成り立つ：
>
> (1) $A = C$ (2) $A \subsetneq C$ (3) $A \supsetneq C$

証明 $A \neq C$ とすれば，(2) C に属していて A に属さない有理数 r があるか，あるいは (3) A に属していて C に属さない有理数 r がある．

(2) の場合には，$r \notin A$ より，$r \in B$ である．よって，任意の $a \in A$ について $a < r$ である．一方，$r \in C$ だから，$a \in C$．したがって，$A \subset C$．ところで $A \neq C$ としたので，$A \subsetneq C$．

(3) の場合の証明も同様である． ◆

> **系 2.1** (1) 2つの実数 $x = \langle A \mid B \rangle, y = \langle C \mid D \rangle$ について，
> $$x = y \Leftrightarrow A = C, \quad x < y \Leftrightarrow A \subsetneq C, \quad x > y \Leftrightarrow A \supsetneq C.$$
> (2) 2つの実数 x, y について，$x = y, x < y, x > y$ のうちの1つが，しかもただ1つのみが成り立つ．
> (3) 3つの実数 x, y, z について，
> $$(x < y) \wedge (y < z) \quad \Rightarrow \quad x < z.$$

> **定理 2.3** 2つの実数 $x = \langle A \mid B \rangle, y = \langle C \mid D \rangle$ について,次が成り立つ:
>
> $$x < y \quad \Leftrightarrow \quad \exists r \in \mathbb{Q}\,(x < r < y)$$

証明 ($\Leftarrow$) は,上の系 2.1 (3) を用いるまでもなく,明らかである.

($\Rightarrow$) $x < y$ より,$A \subsetneq C$(系 2.1 (1))だから,C に属して A には属さない有理数 r が存在する.$r \in B$ だから,任意の $a \in A$ について $a < r$ である.また,$s \leq r$ なる任意の有理数 s は C に属する.

もしこのような有理数 r がただ 1 つであるとすれば,この r は C の最大の数であり,かつ B の最小の数でもある.これは有理数の切断として(第 1)と(第 2)の場合しか採用しないことに反する.したがって,C に属して A には属さない有理数が複数存在する.これから r_1, r_2 ($r_1 < r_2$) を選ぶ.そこで

$$r = (r_1 + r_2)/2$$

とし,$r = \langle E \mid F \rangle$ とする.すると,

$$(r_1 \notin A) \wedge (r_1 \in E), \quad (r_2 \notin E) \wedge (r_2 \in C)$$

である.したがって,$A \subsetneq E \subsetneq C$ であり,$x < r < y$ である. ◆

> **系 2.2** 2つの実数 x, y について,$x < y$ ならば,$x < r < y$ なる有理数 r は無限に存在する.

実数の連続性 実数の間の大小 $<$(または $>$)が定義されたので,次の記号 $\leq$(または $\geq$)を導入する.2つの実数 x, y について,

$$x \leq y \equiv (x = y) \vee (x < y) \quad ; \quad x \geq y \equiv (x = y) \vee (x > y)$$

■ **問題** ■

2.2 定理 2.2 が,$\mathbb{Q}$ を実数の全体 $\mathbb{R}$ に置き換えても成り立つことを確認しなさい(つまり,上で定めた $\leq$(または $\geq$)は $\mathbb{R}$ 上の順序関係である).

さて，実数の大小が定義されたので，有理数の切断と全く同様に実数の切断が定義される．$\mathbb{R}$ を次の条件①，②にしたがって2つの集合 $\mathbf{A}$，$\mathbf{B}$ に分けるとき，それを **実数の切断** といい，$\langle \mathbf{A} \,|\, \mathbf{B} \rangle$ で表す：

① $\mathbf{A} \cup \mathbf{B} = \mathbb{R}, \quad \mathbf{A} \cap \mathbf{B} = \varnothing, \quad \mathbf{A} \neq \varnothing, \quad \mathbf{B} \neq \varnothing.$

② $(\alpha \in \mathbf{A}) \wedge (\beta \in \mathbf{B}) \Rightarrow \alpha < \beta.$

この切断についても，有理数の場合と同じように4つの場合が考えられるが（38ページ参照），（第3）の場合が起こらないことは，上の定理2.3からわかる．（第2）の場合が起これば，さらに新しい数が誕生するのだが，この場合も起こらないことを次に証明する（このことから，$\mathbb{R}$ は切断という操作によってはこれ以上は広がらないことになる）．

定理 2.4（**実数の連続性***）　実数の切断 $\langle \mathbf{A} \,|\, \mathbf{B} \rangle$ に対して，次の条件を満たす $\gamma \in \mathbb{R}$ がただ1つ存在する：
$$(\alpha \in \mathbf{A}) \wedge (\beta \in \mathbf{B}) \quad \Rightarrow \quad \alpha \leqq \gamma \leqq \beta$$

証明　$A = \{a \in \mathbb{Q} \,|\, a \in \mathbf{A}\}$，$B = \{b \in \mathbb{Q} \,|\, b \in \mathbf{B}\}$ とすると，$\langle A \,|\, B \rangle$ は明らかに有理数の切断である．そこで $\gamma = \langle A \,|\, B \rangle$ とおく．

$x \in \mathbb{R}$ を $x < \gamma$ とすると，定理2.3より，
$$\exists r \in \mathbb{Q}\,(x < r < \gamma).$$
実数の大小の定義により，$r \in A$．よって，$x \in \mathbf{A}$．

同様にして，$y \in \mathbb{R}$，$\gamma < y$ とすると，$y \in \mathbf{B}$ が示される．

$\langle \mathbf{A} \,|\, \mathbf{B} \rangle$ は実数の切断であるから，γ は $\mathbf{A}$ か $\mathbf{B}$ の一方にのみ属する．$\gamma \in \mathbf{A}$ とすれば，$\gamma < y$ なる実数 y は $\mathbf{B}$ に属するから，γ は $\mathbf{A}$ の最大の数である（（第1）の場合）．同様に，$\gamma \in \mathbf{B}$ とすれば，γ は $\mathbf{B}$ の最小の数となる（（第1$'$）の場合）．よってこの γ は条件を満たす．

このような γ の一意性は，定理2.3を用いて容易に示される．　◆

★ 実数の連続性については，今後いくつか別の表現で述べられる．

実数の四則演算　この後，実数の切断を用いて加法（減法）と乗法（除法）の演算が，われわれがよく知っているようなかたちで，矛盾なく定義されることを示して，実数が確定するのであるが，この部分は省略する．重複するが，定理 2.1 を再録する．

定理 2.5（実数の加法・乗法に関する基本命題）　$\mathbb{R}$ においては加法 $+$ と乗法 $\cdot$ の 2 つの演算が定義され，以下の性質を満たす；$x, y, z \in \mathbb{R}$ について，

[**R1**]　1.（加法に関する結合法則）　$x + (y + z) = (x + y) + z$
　　2.（加法に関する交換法則）　$x + y = y + x$
　　3.（加法単位元の存在）　$x + 0 = x = 0 + x$
　　4.（加法逆元の存在）　$\forall x \in \mathbb{R} (\exists! y \in \mathbb{R} : x + y = y + x = 0)$
　　　　この y を $-x$ と記す．

[**R2**]　1.（乗法に関する結合法則）　$x \cdot (y \cdot z) = (x \cdot y) \cdot z$
　　2.（乗法に関する交換法則）　$x \cdot y = y \cdot x$
　　3.（乗法単位元の存在）　$x \cdot 1 = x = 1 \cdot x$
　　4.（乗法逆元の存在）
　　　　$\forall x \in \mathbb{R} - \{0\} (\exists! y \in \mathbb{R} - \{0\} : x \cdot y = y \cdot x = 1$
　　この y を x^{-1} または $1/x$ と記す．

[**R3**]　（分配法則）　$x \cdot (y + z) = x \cdot y + x \cdot z$
　　　　　　　　　　　$(x + y) \cdot z = x \cdot z + y \cdot z$

■ **問題**

2.3　(1) 上の定理 2.5 において，加法の単位元 0 と乗法の単位元 1 の存在を認めたが，こうした性質をもつ元は他に存在しないことを示しなさい．

(2) さらに，加法逆元 $-x$ と，乗法逆元 x^{-1} の存在を認めたが，これらの逆元もただ 1 つであることを示しなさい．

2.2　実数の集合 $\mathbb{R}$ の位相（$\mathbb{R}$ の連続性）

前節で数直線を定義し，この上のすべての点に実数が対応するように実数を構成した．数直線上には「隙間なく，大小の順に実数が並んでいる」という性質の 1 つの表現が定理 2.4 で述べた「実数の連続性」である．しかし「並んでいる」という感じは日常用語のそれとはかなり違う．どの点 $x \in \mathbb{R}$ についてもその「お隣」の点はない．ただし，どんなに小さい範囲を指定してもその範囲内にいくらでも多くの「ご近所」の点がある．この節では，このあたりの事情を解説する．

以下では，とくに断りのない限り，実数全体の集合 $\mathbb{R}$ には，大小関係 $\leq$ による通常の順序関係が定まっているものとし（問題 2.2，定理 2.2 を参照），四則演算が定義され，前節の定理 2.5（基本命題）が成り立っているものとする．

最大値・最小値・上限・下限

■問　題

2.4 部分集合 $A \subset \mathbb{R}$ について，最大元（＝最大値）・最小元（＝最小値）・上界・上限・下界・下限・有界の定義を改めて書いてごらん．

例 2.1 $a, b \in \mathbb{R}$, $a < b$, について，次のように定める：

$(a, b) = \{x \in \mathbb{R} \mid a < x < b\}$　　：開区間

$[a, b] = \{x \in \mathbb{R} \mid a \leq x \leq b\}$　　：閉区間

$(a, b] = \{x \in \mathbb{R} \mid a < x \leq b\}$　　：半開区間

$[a, b) = \{x \in \mathbb{R} \mid a \leq x < b\}$　　：半開区間

$[a, b]$ および $(a, b]$ には最大値 b があるが，(a, b) と $[a, b)$ にはない．$[a, b]$ および $[a, b)$ には最小値 a があるが，(a, b) と $(a, b]$ にはない．しかし，これら 4 種の区間は，いずれも下限 a と上限 b をもつ．

★ 括弧はいろいろな場面で用いるが，$\mathbb{R}$ での議論をしている限り，この記法は単純で便利である．混乱する場面では，**区間** (a, b) のように書き表す．

例 2.2 $A = \{a_1, a_2, \cdots, a_n\} \subset \mathbb{R}$ を有限個の実数の集合とすると，
$$\max A = \sup A \quad \text{と} \quad \min A = \inf A$$
は常に存在する．

---**例題 2.1**------------------------------最大値・最小値の一意性---

部分集合 $A \subset \mathbb{R}$ について，次が成り立つ：

(1) A の最大値 $\max A$ が存在するならば，それは一意的である．

(2) A の最小値 $\min A$ が存在するならば，それは一意的である．

証明 (1) α, β を A の最大値とする．最大値の定義から，$\alpha \in A, \beta \in A$ であって，α の最大性から $\beta \leq \alpha$，また β の最大性から $\beta \leq \alpha$ である．よって，(反対称律より) $\alpha = \beta$ である．

(2) の証明は，最大性を最小性に置き換えるだけであるから，演習とする．◆

次の定理は，上限・下限の判定の際に有効である（実際，最大値と最小値の定義を使わずに書き換えたものである）．

---**定理 2.6** 部分集合 $A \subset \mathbb{R}, A \neq \emptyset$ について，次が成り立つ：

(1) $s = \sup A \Leftrightarrow \begin{cases} \text{(i)} & a \in A \Rightarrow a \leq s, \\ \text{(ii)} & \forall \varepsilon > 0, \exists a \in A \, (s - \varepsilon < a). \end{cases}$

(2) $t = \inf A \Leftrightarrow \begin{cases} \text{(i)} & a \in A \Rightarrow a \geq t, \\ \text{(ii)} & \forall \varepsilon > 0, \exists a \in A \, (a < t + \varepsilon). \end{cases}$

証明 (1) ($\Rightarrow$) (i) は明らか．(ii) (背理法) ある $\varepsilon > 0$ に対して，任意の $a \in A$ について $a \leq s - \varepsilon$ であるとすれば，$s - \varepsilon$ は A の上界である．これは，s が上界の最小値であることに反する．

($\Leftarrow$) (背理法) A の上界 s' で，$s' < s$ となるものが存在したとする．$\varepsilon = s - s'$ とすれば，(ii) より $s' < a \leq s$ を満たす $a \in A$ が存在する．これは s' が上界であることに反する．

(2) の証明はほとんど同じであるから，演習とする．◆

例題 2.2

部分集合 $A \subset \mathbb{R}$ について，次が成り立つ：
(1) A の最大値が存在するならば，$\max A = \sup A$ である．
(2) A の最小値が存在するならば，$\min A = \inf A$ である．

証明 (1) $a = \max A$ とする；$a \in A$ で任意の $x \in A$ について $x \leq a$ が成り立つ．これより，a は A の上界の1つでもある．任意の $\varepsilon > 0$ について $a - \varepsilon < a$ だから，定理 2.6 (1) により a は上限である；$a = \sup A$．

(2) の証明もほとんど同じであるから，演習とする． ◆

例題 2.3 ――――――――――――――――― 上限・下限の一意性

部分集合 $A \subset \mathbb{R}$ について，次が成り立つ：
(1) A の上限が存在するならば，それは一意的である．
(2) A の下限が存在するならば，それは一意的である．

証明 (1) $S(A)$ を A の上界全体の集合とすれば，仮定より $S(A) \neq \emptyset$．例題 2.2 (2) より $S(A)$ の最小値は一意的であるから，$\min S(A) = \sup A$ も一意的である．

(2) の証明もほとんど同じであるから，演習とする． ◆

例題 2.4

部分集合 $A, B \subset \mathbb{R}$ について，次が成り立つ：
(1) $\sup A, \sup B$ がともに存在して，$A \subset B$ ならば，$\sup A \leq \sup B$ である．
(2) $\inf A, \inf B$ がともに存在して，$A \subset B$ ならば，$\inf B \leq \inf A$ である．

証明 (1) $x \in A$ ならば $x \in B$ だから，$x \leq \sup B$ である．これは $\sup B$ が A の上界であることを示す．A の上限の最小性から，$\sup A \leq \sup B$ である．

(2) の証明もほとんど同じであるから，演習とする． ◆

―― 例題 2.5 ――

部分集合 $A, B \subset \mathbb{R}$ について，次が成り立つ：
(1) $\sup A, \inf B$ がともに存在するとする．
$$\forall a \in A, \forall b \in B\,(a \leq b) \quad \Rightarrow \quad \sup A \leq \inf B$$
(2) $\sup A, \sup B$ がともに存在するとする．
$$\forall a \in A, \exists b \in B\,(a \leq b) \quad \Rightarrow \quad \sup A \leq \sup B$$

証明 (1) $b \in B$ とすると，仮定から，任意の $a \in A$ について，$a \leq b$．よって，b は A の上界の 1 つである．上限の最小性より，$\sup A \leq b$．ところで $b \in B$ は任意であったから，これは $\sup A$ が B の下界の 1 つであることを示す．下界の最大性より，$\sup A \leq \inf B$．

(2) の証明もほとんど同じであるから，演習とする． ◆

■ 問題

2.5 例題 2.1 (2)，定理 2.6 (2)，例題 2.2 (2)，例題 2.3 (2)，例題 2.4 (2)，例題 2.5 (2) を証明しなさい．

数列 自然数全体の集合 $\mathbb{N}$ から集合 X への写像 $x : \mathbb{N} \to X$ を X の**点列** (sequence) という．とくに $X = \mathbb{R}$ の点列を**数列**あるいは**実数列**という．

通常，像 $x(i)$ を x_i で表し，点列 $x : \mathbb{N} \to X$ を $[x_i]_{i=1}^{\infty}$，$[x_i]_{i \in \mathbb{N}}$，あるいは，混乱のないときは，これを略記して単に $[x_i]$ と表す．

★ 数列を表すのに，ほとんどすべての書籍で記号 $\{x_i\}$ を採用しているが，本書のように集合が多く登場する場合は紛らわしいので，上記の記号を採用することにする．

$x : \mathbb{N} \to X$ を集合 X の点列とする．$\iota : \mathbb{N} \to \mathbb{N}$ を順序を保つ写像とする；すなわち，$k, h \in \mathbb{N}, k < h$ ならば $\iota(k) < \iota(h)$ が成り立つとする．このとき，合成写像 $x \circ \iota : \mathbb{N} \to X$ を点列 x の**部分列** (subsequence) という．

この部分列を $[x_{\iota(i)}]_{i \in \mathbb{N}}$，**部分列** $[x_{\iota(i)}]$ などで表す．

以下，この節では実数列のみを議論する．

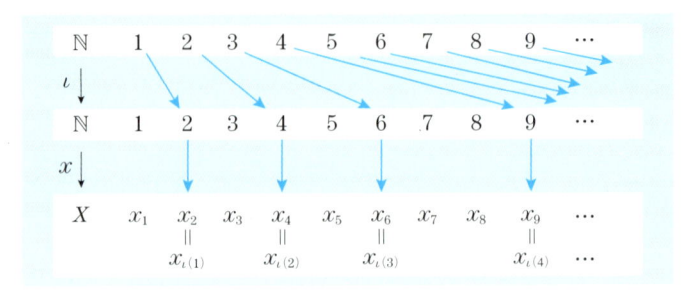

部分集合 $A \subset \mathbb{R}$ について,A の数列 $\{x_i\}_{i \in \mathbb{N}}$ が $\alpha \in \mathbb{R}$ に**収束** (convergence) するとは,
$$\forall \varepsilon > 0, \exists N \in \mathbb{N} (\forall n, n \geq N \Rightarrow |x_n - \alpha| < \varepsilon)$$
が成立する場合をいい,α をこの数列 $\{x_i\}$ の**極限** (limit) または**極限値**,**極限点** (limit point) といい,次のように表す.
$$\alpha = \lim_{i \to \infty} x_i \quad \text{または} \quad x_i \to \alpha \quad (i \to \infty)$$

★ A の数列 $\{x_i\}$ が $\alpha \in \mathbb{R}$ に収束する際,α は A の点であるとは限らない.

■問 題

2.6 $A \subset \mathbb{R}$ の数列 $\{x_i\}$ が点 $\alpha \in \mathbb{R}$ に収束するならば,その任意の部分列 $\{x_{\iota(i)}\}$ もまた α に収束することを証明しなさい.

定理 2.7 $A \subset \mathbb{R}$ の数列 $\{x_i\}$ が収束するとき,極限値は一意的である.

[証明] 数列 $\{x_i\}$ が α と β に収束し,$\alpha \neq \beta$ であるとする.$\alpha > \beta$ として,一般性を失わない.$\varepsilon = (\alpha - \beta)/2 (> 0)$ に対して,収束の定義から,
$$\exists N_1 \in \mathbb{N} (\forall n, n \geq N_1 \Rightarrow |x_n - \alpha| < \varepsilon),$$
$$\exists N_2 \in \mathbb{N} (\forall n, n \geq N_2 \Rightarrow |x_n - \beta| < \varepsilon).$$
ここで $N = \max\{N_1, N_2\}$ とおくと,$|x_N - \alpha| < \varepsilon, |x_N - \beta| < \varepsilon$ である.よって,
$$|\alpha - \beta| = |\alpha - x_N + x_N - \beta| \leq |\alpha - x_N| + |x_N - \beta| < \varepsilon + \varepsilon = \alpha - \beta$$
これは矛盾である.よって,$\alpha = \beta$ でなければならない. ◆

例題 2.6

$A \subset \mathbb{R}$ の数列 $\{x_i\}$ が収束し，ある $M \in \mathbb{R}$ に対して

$$\forall i \in \mathbb{N}\,(x_i \leq M)$$

が成り立つとする．このとき，次が成り立つ：

$$\lim_{i \to \infty} x_i \leq M$$

証明 $\lim_{i \to \infty} x_i = \alpha$ とする．$\alpha > M$ と仮定し，矛盾を導く．$\varepsilon = \alpha - M\,(>0)$ に対して，収束の定義から，

$$\exists N \in \mathbb{N}\,(\forall n, n \geq N \Rightarrow |x_n - \alpha| < \varepsilon).$$

とくに，$|x_N - \alpha| < \varepsilon = \alpha - M$ が成り立つ．ここで絶対値 $|\ |$ をはずすと，

$$M = \alpha - (\alpha - M) < x_N < \alpha + (\alpha - M)$$

が得られるが，これは $M < x_N$ を意味し，例題の仮定に反する． ◆

$A \subset \mathbb{R}$ の数列 $\{x_i\}$ に対して，$M \in \mathbb{R}$ が存在して，$\forall i \in \mathbb{N}\,(x_i \leq M)$ が成り立つとき，数列 $\{x_i\}$ は**上に有界**（upper bounded）であるという．

■問 題■

2.7 $A \subset \mathbb{R}$ の数列 $\{x_i\}$ が収束し，ある $L \in \mathbb{R}$ に対して，

$$\forall i \in \mathbb{N}\,(x_i \geq L)$$

が成り立つとする．このとき，次が成り立つことを証明しなさい：

$$\lim_{i \to \infty} x_i \geq L$$

$A \subset \mathbb{R}$ の数列 $\{x_i\}$ に対して，$L \in \mathbb{R}$ が存在して，$\forall i \in \mathbb{N}\,(x_i \geq L)$ が成り立つとき，数列 $\{x_i\}$ は**下に有界**（lower bounded）であるという．また，上にも下にも有界な数列を，単に**有界**（bounded）であるという．

■問 題■

2.8 数列 $\{x_i\}$ が収束するならば，有界であることを証明しなさい．

例題 2.7 ――――――――――――――――――――― はさみうちの原理 ―

3つの数列 $\{x_i\}, \{y_i\}, \{z_i\}$ について,任意の $i \in \mathbb{N}$ に対して $x_i \leq y_i \leq z_i$ を満たし,かつ
$$x_i \to \alpha \, (i \to \infty), \; z_i \to \alpha \, (i \to \infty) \text{ ならば,} \; y_i \to \alpha \, (i \to \infty).$$

証明 $\forall \varepsilon > 0$ に対して,仮定より,
$$\exists N_1 \in \mathbb{N} (\forall n, n \geq N_1 \Rightarrow |x_n - \alpha| < \varepsilon),$$
$$\exists N_2 \in \mathbb{N} (\forall n, n \geq N_2 \Rightarrow |z_n - \alpha| < \varepsilon).$$

$n \geq N_1$ のとき,絶対値をはずして,$\alpha - \varepsilon < x_n < \alpha + \varepsilon$,
$n \geq N_2$ のとき,絶対値をはずして,$\alpha - \varepsilon < z_n < \alpha + \varepsilon$.

ここで,$N = \max\{N_1, N_2\}$ とおけば,$n \geq N$ について $\alpha - \varepsilon < x_n \leq y_n \leq z_n < \alpha + \varepsilon$,したがって $|y_n - \alpha| < \varepsilon$ が成り立つ.これは,$y_i \to \alpha \, (i \to \infty)$ を示している. ◆

コーシー列 (Cauchy Sequence) 部分集合 $A \subset \mathbb{R}$ の数列 $\{x_i\}$ がコーシー列(または**基本列**)であるとは,
$$\forall \varepsilon > 0, \exists N \in \mathbb{N} (\forall m, \forall n, m \geq N, n \geq N \Rightarrow |x_m - x_n| < \varepsilon)$$
が成り立つ場合をいう.

つまり,数列 $\{x_i\}$ がコーシー列であるとは,十分大きな $N \in \mathbb{N}$ を選ぶと,N より先の要素 x_m と x_n の差はいくらでも小さくできるような数列である.

定理 2.8 数列 $\{x_i\}$ が収束するならば,これはコーシー列である.

証明 $x_i \to \alpha \, (i \to \infty)$ とする.任意に与えられた $\varepsilon > 0$ に対して,改めて $\varepsilon' = \varepsilon/2$ とすると,ε' に対して,
$$\exists N \in \mathbb{N} (\forall n, n \geq N \Rightarrow |x_n - \alpha| < \varepsilon')$$
が成り立つ.したがって,$m, n \geq N$ とすれば,$|x_m - \alpha| < \varepsilon', |x_n - \alpha| < \varepsilon'$ が共に成り立つ.よって,
$$|x_m - x_n| = |x_m - \alpha + \alpha - x_n| \leq |x_m - \alpha| + |\alpha - x_n| < 2\varepsilon' = \varepsilon$$
となる.これは,数列 $\{x_i\}$ がコーシー列であることを示す. ◆

★ 上の証明で,いったん $\varepsilon' = \varepsilon/2$ とおいたが,慣れればその必要はない.

定理 2.9　数列 $[x_i]$ がコーシー列ならば，有界である．

証明　実数 1 に対して，
$$\exists N \in \mathbb{N}\,(\forall n, n \geq N \Rightarrow |x_n - x_N| < 1)$$
が成り立つ．よって，$x_N - 1 < x_n < x_N + 1$．そこで，
$$M = \max\{x_1, x_2, \cdots, x_N, x_N + 1\}, \quad L = \min\{x_1, x_2, \cdots, x_N, x_N - 1\}$$
とおけば，任意の $i \in \mathbb{N}$ について $L \leq x_i \leq M$ である．　◆

★　この定理の逆は成立しない．例えば，$x_i = (-1)^i$ で与えられる数列は $|x_i| \leq 1$ であるから有界であるが，コーシー列ではない．もちろん，収束もしない．

例題 2.8

数列 $[x_i]$ がコーシー列で，その部分列 $[x_{\iota(i)}]$ が α に収束するならば，数列 $[x_i]$ 自身も α に収束する．

証明　任意の $\varepsilon > 0$ に対して，コーシー列の定義から，
$$\exists N_1 \in \mathbb{N}\,(\forall m, \forall n, m \geq N_1, n \geq N_1 \Rightarrow |x_m - x_n| < \varepsilon/2)$$
が成り立ち，また，部分列が α に収束するから，
$$\exists N_2 \in \mathbb{N}\,(\forall n, n \geq N_2 \Rightarrow |x_{\iota(n)} - \alpha| < \varepsilon/2)$$
が成り立つ．このとき，$\iota(N_2) < N_1$ ならば，N_2 をさらに大きく取り直して，$\iota(N_2) \geq N_1$ が成り立つようにする．このとき，$m \geq N = \iota(N_2)$ ならば，
$$|x_m - \alpha| \leq |x_m - x_N| + |x_N - \alpha| < \varepsilon/2 + \varepsilon/2 = \varepsilon$$
となる．これは，$x_i \to \alpha\,(i \to \infty)$ を示している．　◆

問題

2.9　2 つの数列 $[x_i], [y_i]$ をコーシー列とする．次を証明しなさい．
(1)　数列 $[x_i + y_i]$ もコーシー列である．
(2)　数列 $[x_i \cdot y_i]$ もコーシー列である．

ヒント　(1) は容易である．(2) の証明では，次の式を利用する．
$$|x \cdot y - a \cdot b| = |x \cdot y - x \cdot b + x \cdot b - a \cdot b| \leq |x||y - b| + |x - a||b|$$

連続性に関する公理　　実数の連続性については，第 2 章 2.1 節の定理 2.4 で証明した．この「連続性」は微分積分の基礎となる大事な性質で，多くの研究がなされ，いくつかの表現が知られているが，微分積分の通常の教科書では証明を与えず，公理として採用する．ここでは，定理 2.4 を基に，いくつかの同値な命題を提示し，それらの関係を議論する．まず，これらをあえて公理として並べてみよう．

公理 [I]（定理 2.4（デデキントの切断））　実数の切断 $\langle \mathbf{A} \mid \mathbf{B} \rangle$ に対して，次の条件を満たす $\gamma \in \mathbb{R}$ がただ 1 つ存在する：
$$(\alpha \in \mathbf{A}) \wedge (\beta \in \mathbf{B}) \quad \Rightarrow \quad \alpha \leqq \gamma \leqq \beta$$

公理 [II]（上限の存在）　部分集合 $A \subset \mathbb{R}$, $A \neq \varnothing$, について，A が上に有界ならば上限 $\sup A$ が存在し，下に有界ならば下限 $\inf A$ が存在する．

公理 [III]（単調有界数列の収束）　数列 $[x_i]$ が次の 2 条件を満たすならば，収束する：

(1) $\quad x_1 \leqq x_2 \leqq \cdots \leqq x_i \leqq x_{i+1} \leqq \cdots$　　（単調増加数列），または，
$\quad\quad x_1 \geqq x_2 \geqq \cdots \geqq x_i \geqq x_{i+1} \geqq \cdots$　　（単調減少数列），

(2) $\quad \exists M \in \mathbb{R}\, (\forall i \in \mathbb{N}(x_i \leqq M))$　　（上に有界），または，
$\quad\quad \exists L \in \mathbb{R}\, (\forall i \in \mathbb{N}(x_i \geqq L))$　　（下に有界）．

公理 [IV]（カントールの区間縮小定理）　閉区間の列 $A_i = [a_i, b_i], i \in \mathbb{N}$, が次の 2 条件を満たすとする：

(1) $\quad A_1 \supset A_2 \supset \cdots \supset A_i \supset A_{i+1} \supset \cdots$,

(2) $\quad \displaystyle\lim_{i \to \infty} (b_i - a_i) = 0.$

このとき，$\displaystyle\bigcap_{i \in \mathbb{N}} A_i$ はただ 1 つの要素からなる集合である．

2.2 実数の集合 $\mathbb{R}$ の位相（$\mathbb{R}$ の連続性）

公理 [V]（ボルツァーノ・ワイアシュトラウスの定理）　有界な数列 $\{x_i\}$ は収束する部分列をもつ．

閉区間 $A = [a,b] \subset \mathbb{R}$ の数列 $\{x_i\}$ は，収束する部分列をもつ．

公理 [VI]（コーシー列の収束；実数の完備性）　コーシー列は収束する．

公理 [II] をワイアシュトラウスの定理ということもある．これら 6 個の公理を比べてみると，一見して同値らしきものと，そうでもないものが混在するが，それぞれ有効で，状況に応じて使い分けられる．

定理 2.10　上の 6 個の公理 [I]～[VI] は互いに同値である．

これを完全に証明するのは長くて大変なので，[I] $\Leftrightarrow$ [II] $\Rightarrow$ [III] $\Rightarrow$ [IV] $\Rightarrow$ [V] $\Rightarrow$ [VI] の証明だけを与える．記号等は原則として上記のものをそのまま用いる．

[I] $\Rightarrow$ [II] の証明　A が上に有界であると仮定する．A の上界の全体を $S(A)$ とし，$T(A) = \mathbb{R} - S(A)$ とすれば，

① $S(A) \cup T(A) = \mathbb{R}$, $S(A) \cap T(A) = \varnothing$, $S(A) \neq \varnothing$, $T(A) \neq \varnothing$,

② $(t \in T(A)) \wedge (s \in S(A)) \Rightarrow t < s$

であるから，$\langle T(A) | S(A) \rangle$ は実数の切断である．この切断によって決まる実数を γ とする．もし，$\gamma \in T(A)$ ならば $\gamma = \max T(A)$ であり，$\gamma \in S(A)$ ならば $\gamma = \min S(A)$ であり，どちらか一方のみが成立する．

$\gamma \notin T(A)$ を（背理法で）証明する．$\gamma \in T(A)$ と仮定する．γ は A の上界ではないので，元 $x \in A$ が存在して，$\gamma < x$ となる．定理 2.3 より，有理数 r が存在して，$\gamma < r < x$ となる．この場合，r も A の上界ではないから，$r \in T(A)$ である．これは，$\gamma = \max T(A)$ に矛盾する．

A が下に有界である場合も同じように証明される．　◆

[II] $\Rightarrow$ [I] の証明　$\langle A | B \rangle$ を実数の切断とする．切断の定義から，任意の $b \in B$ は A の上界であり，したがって A は上に有界だから $\sup A$ が存在する．同様に，B は下に有界だから，$\inf B$ が存在する．

$\sup A \in A$ の場合, $\sup A = \max A$ となり, A が最大値をもつ.

$\sup A \notin A$ の場合, ① $A \cup B = \mathbb{R}$ より, $\sup A \in B$ であるから, $\inf B \leqq \sup A$ となる. 例題 2.5 (1) より, $\sup A \leqq \inf B$ だから, $\sup A = \inf B$ である. よって, $\inf B \in B$ だから, $\inf B = \min B$ となり, B が最小値をもつ. ◆

[II] ⇒ [III] の証明　数列 $[x_i]$ が単調増加で上に有界の場合を考察する. $A = \{x_i \mid i \in \mathbb{N}\}$ とおくと, [III] の条件 (2) より, A は上に有界であり, $A \neq \emptyset$ であるから, [II] より $\alpha = \sup A$ が存在する. 上限の定義より,

$$\forall \varepsilon > 0, \quad \exists x \in A \, (x > \alpha - \varepsilon)$$

である. A の決め方から, これは,

$$\forall \varepsilon > 0, \quad \exists N \, (x_N > \alpha - \varepsilon)$$

と表すことができる. [III] の単調増加の条件 (1) より,

$$\forall n \in \mathbb{N}, n \geqq N \quad \Rightarrow \quad x_n \geqq x_N > \alpha - \varepsilon$$

が成り立つ. 上限の定義より, 任意の $i \in \mathbb{N}$ について $x_i \leqq \alpha$ だから,

$$\forall n \in \mathbb{N}, n \geqq N \quad \Rightarrow \quad \alpha - \varepsilon \leqq x_n \leqq \alpha < \alpha + \varepsilon$$

が成り立つ. 結局,

$$\forall \varepsilon > 0, \exists N \in \mathbb{N} \, (\forall n \in \mathbb{N}, n \geqq N \Rightarrow |\alpha - x_n| < \varepsilon)$$

が成り立つので, 数列 $[x_i]$ は α に収束する. ◆

[III] ⇒ [IV] の証明　閉区間の端点で得られる数列 $[a_i]$ は単調増加で上に有界であり, 数列 $[b_i]$ は単調減少で下に有界である. したがって, [III] より, これらの数列は収束する. $a_i \to \alpha \, (i \to \infty)$, $b_i \to \beta \, (i \to \infty)$ とすると, [IV] の条件 (2) より, $\alpha = \beta$ である. ところで, 上の [II] ⇒ [III] の証明でみたように, α は集合 $\{a_i \mid i \in \mathbb{N}\}$ の上限であり, β は集合 $\{b_i \mid i \in \mathbb{N}\}$ の下限であるから, 任意の $i \in \mathbb{N}$ について, $a_i \leqq \alpha = \beta \leqq b_i$ である. したがって, 任意の $i \in \mathbb{N}$ について, $\alpha \in [a_i, b_i]$ であるから, $\alpha \in \bigcap_{i \in \mathbb{N}} A_i$ である.

一方, $c \in \bigcap_{i \in \mathbb{N}} A_i$ とすると, 任意の $i \in \mathbb{N}$ について, $a_i \leqq c \leqq b_i$ である.

したがって, 例題 2.6 と問題 2.7 より,

$$\lim a_i \leqq c \leqq \lim b_i$$

である．条件 (2) と合わせて，$c = \alpha$ が結論される． ◆

[IV] ⇒ [V] の証明　数列 $[x_i]$ は有界であるから，実数 $a, b \in \mathbb{R}$ が存在して，任意の $i \in \mathbb{N}$ に対して，$a \le x_i \le b$ が成り立つ．区間 $[a, (a+b)/2]$ と区間 $[(a+b)/2, b]$ のうちで $[x_i]$ の（無限の）部分列を含む方を $A_1 = [a_1, b_1]$ とし，A_1 から部分列の 1 つの項を選んで $x_{\iota(1)}$ とする．次に，区間 $[a_1, (a_1+b_1)/2]$ と区間 $[(a_1+b_1)/2, b_1]$ のうちで $[x_i]$ の部分列を含む方を $A_2 = [a_2, b_2]$ とし，A_2 から部分列の 1 項 $x_{\iota(2)}$ を $\iota(1) < \iota(2)$ となるように選ぶ．この操作を反復する．一般に，区間 $[a, b]$ の中に区間 $[a_k, b_k] = A_k$ が定められ，A_k には $[x_i]$ の部分列が含まれ，この部分列の 1 項 $x_{\iota(k)}$ が選ばれているとする．そこで区間 $[a_k, (a_k+b_k)/2]$ と区間 $[(a_k+b_k)/2, b_k]$ のうちで $[x_i]$ を含む方を A_{k+1} とし，A_{k+1} から部分列の 1 項 $x_{\iota(k+1)}$ を $\iota(k) < \iota(k+1)$ となるように選ぶ．この結果,

閉区間の列 $A_1 \supset A_2 \supset \cdots \supset A_k \supset A_{k+1} \supset \cdots$，　$A_k = [a_k, b_k]$，
$[x_i]$ の部分列 $[x_{\iota(k)}]$，$b_k - a_k = (b_{k-1} - a_{k-1})/2$

を得る．$b_k - a_k = (b-a)/2^k$ より，

$$\lim_{k \to \infty} (b_k - a_k) = 0$$

であるから，[IV] より $\bigcap_{k \in \mathbb{N}} A_k$ は 1 つの要素からなる集合となる．この要素を α とすると，上の部分列 $[x_{\iota(k)}]$ はこの α に収束する． ◆

[V] ⇒ [VI] の証明　$[x_i]$ をコーシー列とすると，定義から，$\varepsilon = 1$ に対して，次が成り立つ：

$$\exists N \in \mathbb{N} (\forall m, \forall n, m \ge N, n \ge N \Rightarrow |x_m - x_n| < 1)$$

とくに，$n \ge N+1$ のとき，$|x_n - x_N| < 1$ である．そこで

$$M = \max\{|x_1|, |x_2|, \cdots, |x_N|, |x_N| + 1\}$$

とおくと，任意の $i \in \mathbb{N}$ について，$-M \le x_i \le M$ であるから，$[x_i]$ は有界である．[V] より，$[x_i]$ は収束する部分列をもつ．例題 2.8 より，$[x_i]$ も収束する． ◆

★ この結果，$\mathbb{R}$ においては，コーシー列は収束する．定理 2.8 で示したように，一般に収束する数列はコーシー列であったから，$\mathbb{R}$ の数列に関しては，コーシー列であることと，収束列であることは同値である．

定理 2.11　自然数の全体 $\mathbb{N} \subset \mathbb{R}$ は上に有界ではない．

証明　背理法で証明する．$\mathbb{N}$ が上に有界であると仮定すると，公理 [II] から $\mathbb{N}$ には上限が存在する；$\sup \mathbb{N} = \alpha$ とする．上限の定義から，$\alpha - 1$ は $\mathbb{N}$ の上界ではないから，$n \in \mathbb{N}$ が存在して，$\alpha - 1 < n$ を満たす．すると，
$$\alpha < n + 1 \text{ で } n + 1 \in \mathbb{N}$$
だから，α が $\mathbb{N}$ の上限であることに矛盾する．◆

次の定理は上の定理 2.11 と同値である．

定理 2.12 （アルキメデス（Archimedes）の原理）　任意の $a, b \in \mathbb{R}$ について，次が成り立つ：
$$0 < a < b \quad \Rightarrow \quad \exists n \in \mathbb{N}\,(b < na)$$

証明　$b/a \in \mathbb{R}$ に対して，定理 2.11 から，$\exists n \in \mathbb{N}\,(b/a < n)$．◆

★ 定理 2.12 から，定理 2.11 は次のようにして導かれる：定理 2.12 において，$a = 1$ とすると，

「任意の実数 $b > 0$ に対して，自然数 n が存在して $b < n$ を満たす」

ということになる．これは $\mathbb{N}$ が上に有界ではないことの別の表現である．

■問　題

2.10 任意の実数 a に対して，次が成り立つことを証明しなさい．

(1) $\exists!\, n \in \mathbb{Z}\,(n \leqq a < n + 1)$．

★ この整数 n を $\lfloor a \rfloor$ または $[a]$ で表し，a の（小数点以下の）**切り捨て**といい，$\lfloor\ \rfloor$ を**床記号**（floor symbol）という．

(2) $\exists!\, m \in \mathbb{Z}\,(m - 1 < a \leqq m)$．

★ この整数 m を $\lceil a \rceil$ で表し，a の（小数点以下の）**切り上げ**といい，$\lceil\ \rceil$ を**天井記号**（ceiling symbol）という．

2.3 基数と濃度

集合 A と集合 B の間に全単射が存在するとき，A と B は**対等**（equipotent）であるといい，ここでは，$A \sim B$ と表すことにする．

問 題

2.11 ある集合族 S において，対等という関係 $\sim$ は同値関係であることを証明しなさい．

さて，要素の個数が有限な集合 A の同値類になんらかの標識をつけるとすれば，当然その要素の個数であり，基数としての自然数の 1 つが対応する．そこでその基数をその同値類に属する集合の要素の個数というかわりに**濃度**（potency, power）ということにする．そして，集合 A の濃度を $\#A$ で表す．

例 2.3
$$\#\varnothing = 0, \quad \#J_n = \#\{1, 2, 3, \cdots, n-1, n\} = n, \quad \#\{a, b, c\} = 3$$

ここで改めて有限集合を次のように定義する：集合 A が**有限集合**（finite set）であるとは，$A = \varnothing$ であるか，またはある自然数 n が存在して，A は上で与えた集合 $J_n = \{1, 2, 3, \cdots, n-1, n\}$ と対等となる場合をいう．

有限集合ではない集合を**無限集合**（infinite set）という．

可算濃度　そこで，対象を無限集合にも拡大してみよう．

無限集合の典型的な例は自然数の全体 $\mathbb{N}$ である．$\mathbb{N}$ の濃度の基数に $\aleph_0$ という記号を与える（カントール）．$\aleph$ はヘブライ語の第 1 アルファベットである．

基数 $\aleph_0$ の濃度を**可付番濃度**（enumerable potency）または**可算濃度**（countable potency）といい，その濃度をもつ集合を**可付番集合**（enumerable set）または**可算集合**（countable set）という．

★ $\aleph$ はアレフと読み，$\aleph_0$ はアレフゼロまたはアレフノートと読む．集合 X が可付番集合であるとは，$\mathbb{N}$ と X との間に全単射があるということである．そこで，この全単射を用いて，X の要素に自然数の番号を（1 対 1 に）付けることが可能となる．

例題 2.9

$\mathbb{N}_0 = \{0\} \cup \mathbb{N}$, $\mathbb{N}(\text{even})$ を偶数の自然数全体, $\mathbb{N}(\text{odd})$ を奇数の自然数全体とし, $\mathbb{Z}$ を整数全体とすると, 次が成り立つ:

(1) $\mathbb{N} \sim \mathbb{N}_0$ (2) $\mathbb{N} \sim \mathbb{N}(\text{even})$
(3) $\mathbb{N} \sim \mathbb{N}(\text{odd})$ (4) $\mathbb{N} \sim \mathbb{Z}$

証明 (1) 写像 $f: \mathbb{N} \to \mathbb{N}_0$ を, $f(n) = n - 1$ で定義する. $f(n) = f(m)$ ならば, $n - 1 = m - 1$ だから, $n = m$ となり, f は単射である. 一方, 任意の $m \in \mathbb{N}_0$ に対して, $m + 1 \in \mathbb{N}$ をとれば, $f(m+1) = m$ だから, f は全射でもある.

(2) $\mathbb{N}(\text{even}) = \{2n \mid n \in \mathbb{N}\}$ である. 写像 $f: \mathbb{N} \to \mathbb{N}(\text{even})$ を, $f(n) = 2n$ で定義する. $f(n) = f(m)$ とすると, $2n = 2m$ だから, $n = m$ となり, f は単射である. 一方, 任意の $x \in \mathbb{N}(\text{even})$ に対して, $n \in \mathbb{N}$ が存在して, $x = 2n$ と表される. これは, $f(n) = x$ を意味するから, f は全射でもある.

(3) $\mathbb{N}(\text{odd}) = \{2n - 1 \mid n \in \mathbb{N}\}$ である. $\mathbb{N} \sim \mathbb{N}(\text{odd})$ の証明は演習とする.

(4) 写像 $g: \mathbb{N} \to \mathbb{Z}$ を次のように定める: $\mathbb{N} = \mathbb{N}(\text{even}) \cup \mathbb{N}(\text{odd})$ で, $\mathbb{N}(\text{even}) \cap \mathbb{N}(\text{odd}) = \emptyset$ であることに注意して, $g(2n) = n$, $g(2n-1) = 1 - n$. このように定めた写像 g が全単射であることは, 各自確かめなさい. ◆

■問 題

2.12 次を証明しなさい.

(1) $\mathbb{N} \sim \mathbb{N}(\text{odd})$ (2) $\mathbb{N} \sim \{3n \mid n \in \mathbb{N}\}$ (3) $\mathbb{N} \sim \{2^n \mid n \in \mathbb{N}\}$

2.13 例題 2.9 の証明を参考にして, 次を証明しなさい.

(1) 集合 $A = \{a_1, a_2, \cdots, a_m\}$ について, $A \cap \mathbb{N} = \emptyset \Rightarrow \mathbb{N} \sim \mathbb{N} \cup A$.

(2) 集合 X, Y について,
$$(\#X = \#Y = \aleph_0) \wedge (X \cap Y = \emptyset) \Rightarrow \mathbb{N} \sim X \cup Y.$$

(3) 上の (1), (2) において, 条件 $A \cap \mathbb{N} = \emptyset$, $X \cap Y = \emptyset$ は取り除くことができることを確かめなさい.

例 2.4 $\mathbb{N} \times \mathbb{N} = \mathbb{N}^2 \sim \mathbb{N}$ を示してみよう.

自然数を下のように並べていくとき, 左から m 番目, 上から n 番目に現れる数 $h(m, n)$ は, 次のようになる:

2.3 基数と濃度

	1	2	3	4	5	$m \to$
1	1	2	4	7	11	
2	3	5	8	12	17	
3	6	9	13	18		
4	10	14	19			
5	15	20				
n $\downarrow$						

$$h(m,n) = \frac{(m+n)(m+n-1)}{2} - m + 1$$

　大事なことは，自然数がこのように格子の枠の中に 1 つずつ並べられることである．そこで，写像 $h : \mathbb{N} \times \mathbb{N} = \{(m,n) \mid m, n \in \mathbb{N}\} \to \mathbb{N}$ を，上で示した式で定義する．この写像 h が単射であること，また全射であることは，自然数の並べ方から明らかである．

---**例題 2.10**---

有理数の全体は可算集合である；$\mathbb{Q} \sim \mathbb{N}$．

証明　正の有理数の全体を $\mathbb{Q}^+$ とする．$\mathbb{Q}^+ = \{m/n \mid m \in \mathbb{N}, n \in \mathbb{N}\}$ と書けるから，$m/n \in \mathbb{Q}^+$ を $(m,n) \in \mathbb{N} \times \mathbb{N}$ に対応させることによって，$\mathbb{N} \times \mathbb{N}$ の部分集合となる．上の例 2.4 から，これは $\mathbb{N}$ のある無限部分集合と対等になる．$\mathbb{N}$ の無限部分集合は，改めて上から順に番号を付けていけば $\mathbb{N}$ と 1 対 1 の対応が得られるから可付番集合で，結局，$\mathbb{Q}^+$ が可付番集合であることが結論される．

　全く同様にして，負の有理数の全体 $\mathbb{Q}^- = \{-m/n \mid m \in \mathbb{N}, n \in \mathbb{N}\}$ も可付番集合であることが示される．

　ところで，$\mathbb{Q} = \mathbb{Q}^+ \cup \{0\} \cup \mathbb{Q}^-$ であるから，例題 2.9 (4) $\mathbb{N} \sim \mathbb{Z}$ の証明と同様にして，$\mathbb{N} \sim \mathbb{Q}$ が示される． ◆

$\mathbb{Q}^+$		$\mathbb{N} \times \mathbb{N}$		$\mathbb{N}$
$1/1 = 1$	$\longleftrightarrow$	$(1,1)$	$\longleftrightarrow$	1
$2/1 = 2$	$\longleftrightarrow$	$(2,1)$	$\longleftrightarrow$	2
$1/2$	$\longleftrightarrow$	$(1,2)$	$\longleftrightarrow$	3
$3/1 = 3$	$\longleftrightarrow$	$(3,1)$	$\longleftrightarrow$	4
$2/2 = 1$	$\longleftrightarrow$	$(2,2)$	$\longleftrightarrow$	5 (ヤメ)
$1/3$	$\longleftrightarrow$	$(1,3)$	$\longleftrightarrow$	6 $\Rightarrow$ 5
$\vdots$		$\vdots$		$\vdots$

例題 2.11

$\{A_i \mid i \in \mathbb{N}\}$ を可算集合 A_i の可算集合族とすると，$\bigcup_{i \in \mathbb{N}} A_i$ も可算集合である．

証明 A_i の要素を i 行目に横に並べる：

			1	2	3	4	5	$m \to$
1	A_1	=	$\{a_{11},$	$a_{12},$	$a_{13},$	$a_{14},$	$a_{15},$	$\cdots\cdots\}$
2	A_2	=	$\{a_{21},$	$a_{22},$	$a_{23},$	$a_{24},$	$a_{25},$	$\cdots\cdots\}$
3	A_3	=	$\{a_{31},$	$a_{32},$	$a_{33},$	$a_{34},$	$a_{35},$	$\cdots\cdots\}$
4	A_4	=	$\{a_{41},$	$a_{42},$	$a_{43},$	$a_{44},$	$a_{45},$	$\cdots\cdots\}$
5	A_5	=	$\{a_{51},$	$a_{52},$	$a_{53},$	$a_{54},$	$a_{55},$	$\cdots\cdots\}$
n	$\vdots$							
$\downarrow$								

このように並べると，A_n の第 m 番目の要素 a_{nm} と例 2.4 の格子の (m, n) にある自然数との間に 1 対 1 の対応が付けられる．よって，$\bigcup_{i \in \mathbb{N}} A_i$ も可算集合である． ◆

連続体の濃度 まず，いくつかの例から紹介する．

例題 2.12

任意の $a, b, c, d \in \mathbb{R}, a < b, c < d,$ について，
$[a,b] \sim [c,d], \quad [a,b) \sim (a,b] \sim [c,d) \sim (c,d], \quad (a,b) \sim (c,d).$

証明 写像 $f : [a,b] \to [c,d]$ を次のように定義する：

$$f(x) = \frac{b-x}{b-a} \cdot c + \frac{x-a}{b-a} \cdot d$$

すると，f は全単射である．実際，f の逆写像は，次式で与えられる：

$$f^{-1}(y) = \frac{d-y}{d-c} \cdot a + \frac{y-c}{d-c} \cdot b$$

なお，この写像 f は，$[a,b) \to [c,d), (a,b] \to (c,d], (a,b) \to (c,d)$ に制限して考えても全単

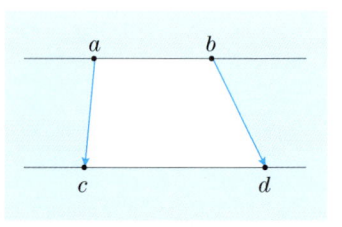

射である．同様にして，全単射 $g : [a,b] \to (a,b)$ を与えなさい．

★ $[a,b]$ と $[c,d]$ の間の全単射は，もちろん，一意的ではない．

---**例題 2.13**---

閉区間 $[0,1]$ と半開区間 $[0,1)$ は対等である；$[0,1] \sim [0,1)$．

証明　写像 $f : [0,1] \to [0,1)$ を次のように定義する：
$$f(x) = \begin{cases} \dfrac{1}{n+1} & x = \dfrac{1}{n}, n \in \mathbb{N} \\ x & x \neq \dfrac{1}{n}, n \in \mathbb{N} \end{cases}$$
すると，f が全単射であることは容易に確かめられる． ◆

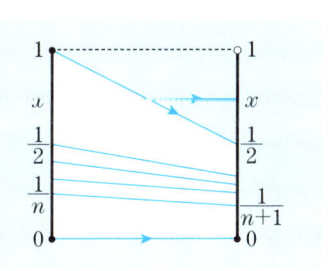

---■ 問　題 ■---

2.14 閉区間 $[0,1]$ と開区間 $(0,1)$ が対等であることを証明しなさい．

---**例題 2.14**---

開区間 $(-1,1)$ と $\mathbb{R}$ は対等である；$(-1,1) \sim \mathbb{R}$．

証明　関数 $f : (-1,1) \to \mathbb{R}$ を，
$$f(x) = \frac{x}{1-x^2}$$
で与えると，全単射である． ◆

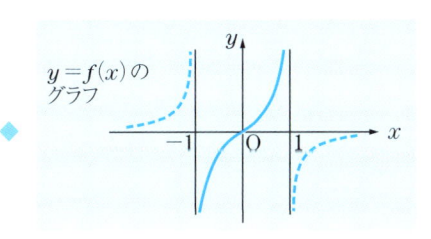

例題 2.12, 例題 2.13, 問題 2.14 に例題 2.14 を合わせると，区間と $\mathbb{R}$ はすべて対等，つまり，同じ濃度をもつことになる．それでは，$\mathbb{N} \sim \mathbb{R}$?

例題 2.15

$\mathbb{N}$ と $\mathbb{R}$ は対等ではない.

証明 例題 2.12, 2.13, 問題 2.14 および例題 2.14 から, $\mathbb{R}$ と区間 $[0,1)$ は対等だから, $\mathbb{N}$ と $[0,1)$ が対等ではないことを示せば十分である. 背理法によって証明する.

全単射 $\alpha : \mathbb{N} \to [0,1)$ が存在したとする. $n \in \mathbb{N}$ について, $\alpha(n) \in [0,1)$ を 10 進法により無限小数に展開して,

$\alpha(n) = 0.a_{n1}a_{n2}a_{n3}a_{n4}a_{n5}\cdots$

(a_{nm} は 0 から 9 までの整数)

のように表しておく. ただし, 有限小数は下に 0 を並べておく;

$a(1) = 0.\ a_{11}\ a_{12}\ a_{13}\ a_{14}\ a_{15}\cdots$
$a(2) = 0.\ a_{21}\ a_{22}\ a_{23}\ a_{24}\ a_{25}\cdots$
$a(3) = 0.\ a_{31}\ a_{32}\ a_{33}\ a_{34}\ a_{35}\cdots$
$a(4) = 0.\ a_{41}\ a_{42}\ a_{43}\ a_{44}\ a_{45}\cdots$
$a(5) = 0.\ a_{51}\ a_{52}\ a_{53}\ a_{54}\ a_{55}\cdots$

$$0.25 \quad \Rightarrow \quad 0.250000000000\cdots$$

そこで $\alpha(n)$ を n 行目に, 位をそろえて並べると, 上のような表になる:

このとき, 次のような数 $b = 0.b_1 b_2 b_3 b_4 b_5 \cdots$ を考えることができる:

$$b_n = \begin{cases} 1 & a_{nn} = 0 \\ 0 & a_{nn} \neq 0 \end{cases}$$

すると, $b \in [0,1)$ であり, また b と $\alpha(n)$ は小数第 n 位が異なるから, すべての $n \in \mathbb{N}$ について, $b \neq \alpha(n)$ である. これは α が全射であることに矛盾する. ◆

★ この証明で用いた技法は, ある対応で対応しきれていない要素の存在を示すときによく用いられ, **対角線論法**(diagonal process)といわれている.

例題 2.15 によって, $\mathbb{R}$ は $\mathbb{N}$ とは対等ではないことがわかり, またその濃度はもちろん有限濃度ではない. そこで, $\mathbb{R}$ の対等類に新たな基数をつけなくてはならないが, カントールはこの基数を $\aleph$ で表した. この濃度はまた**連続体の濃度**(potency of continuum)といわれる.

★ 無限集合であるが可算でない集合を**非可算集合**ということがある. また有限集合(有限濃度)と可算集合(可算濃度)を併せて**高々可算集合**(高々可算の濃度)というい方をする.

2.3 基数と濃度

濃度の比較 2つの基数 $\aleph_0$ と $\aleph$ とはどちらが大きいか？ もちろん $\aleph$ の方が大きいとするのが自然である．実際，$\mathbb{N}$ は $\mathbb{R}$ の真部分集合で，$\mathbb{N}$ は $\mathbb{R}$ と対等ではないことがわかったので，$\aleph_0 < \aleph$ としてよいであろう．このような事情を考慮しながら，濃度（あるいは基数）の大小を定義する．

集合 X から集合 Y への単射が存在するとき（つまり，集合 X と，集合 Y のある部分集合 Y' との間に全単射があるとき），$\#X \leqq \#Y$（または，$\#Y \geqq \#X$）と表す．

$\#X \leqq \#Y$ であって，X と Y が対等ではないとき（つまり，X から Y への全単射が存在しないとき），Y の濃度は X の濃度より**大きい**といい，$\#X < \#Y$（または，$\#Y > \#X$）で表す．

> **定理 2.13** 次が成り立つ：
> (E1) 任意の集合 X について，$\#X \leqq \#X$． （反射律）
> (E2) 集合 X, Y, Z について，
> $$(\#X \leqq \#Y) \wedge (\#Y \leqq \#Z) \Rightarrow \#X \leqq \#Z \quad \text{（推移律）}$$
> (E4) 集合 X, Y について，
> $$(\#X \leqq \#Y) \wedge (\#Y \leqq \#X) \Rightarrow \#X = \#Y \quad \text{（反対称律）}$$

証明 (E1) 恒等写像 $I_X : X \to X$ は全単射である．

(E2) 単射 $f : X \to Y$ と単射 $g : Y \to Z$ の合成写像 $g \circ f : X \to Z$ も単射である．

(E4) X, Y が有限集合の場合は明らかであるから，無限集合の場合を考察する．$f : X \to Y$, $g : Y \to X$ をともに単射とする．$x \in X$ と $y \in Y$ について，$y = f(x)$ のとき，x を y の親といい，$y \gg x$ と表す．また，$x = g(y)$ のとき，y を x の親といい，$x \gg y$ で表す．そこで X と Y の部分集合を次のように定義する：

$X_\infty = \{x \in X \mid x \gg y_1 \gg x_1 \gg y_2 \gg x_2 \gg \cdots \text{（無限の列）}\}$,
$Y_\infty = \{y \in Y \mid y \gg x_1 \gg y_1 \gg x_2 \gg y_2 \gg \cdots \text{（無限の列）}\}$,
$X_Y = \{x \in X \mid x \gg y_1 \gg x_1 \gg y_2 \gg x_2 \gg \cdots \gg x_{n-1} \gg y_n,\ y_n \text{ には親が無い}\}$,
$Y_X = \{y \in Y \mid y \gg x_1 \gg y_1 \gg x_2 \gg y_2 \gg \cdots \gg y_{n-1} \gg x_n,\ x_n \text{ には親が無い}\}$,
$X_X = \{x \in X \mid x = x_1 \gg y_1 \gg x_2 \gg y_2 \gg \cdots \gg y_{n-1} \gg x_n,\ x_n \text{ には親が無い}\}$,
$Y_Y = \{y \in Y \mid y = y_1 \gg x_1 \gg y_2 \gg x_2 \gg \cdots \gg x_{n-1} \gg y_n,\ y_n \text{ には親が無い}\}$

X_∞ と Y_∞ は祖先が無限に続くような要素,その他の 4 つは祖先が有限で途切れるような要素からなる集合である.f, g がともに単射であるから,親が存在すればそれはただ 1 つである.したがって,祖先を辿るこのような列は一意的に確定する.すると,

$X = X_\infty \cup X_Y \cup X_X, \quad X_\infty \cap X_Y = \varnothing, \quad X_Y \cap X_X = \varnothing, \quad X_X \cap X_\infty = \varnothing$

$Y = Y_\infty \cup Y_X \cup Y_Y, \quad Y_\infty \cap Y_X = \varnothing, \quad Y_X \cap Y_Y = \varnothing, \quad Y_Y \cap Y_\infty = \varnothing$

が成り立ち,しかも次が成り立つこともわかる:

$$f(X_\infty) = Y_\infty, \quad f(X_X) = Y_X, \quad g(Y_Y) = X_Y.$$

ところで f, g はいずれも単射であるから,$f\,|\,X_\infty : X_\infty \to Y_\infty, f\,|\,X_X : X_X \to Y_X$, $g\,|\,Y_Y : Y_Y \to X_Y$ はいずれも全単射である.そこで,写像 $h : X \to Y$ を

$$h(x) = \begin{cases} f(x) & x \in X_\infty \cup X_X, \\ g^{-1}(x) & x \in X_Y \end{cases}$$

により定義すると,h は全単射である.　　◆

★ 定理 2.13 (E4) は,ベルンシュタインの定理 (S. Bernstein, 1880〜1968) とよばれ,2 つの集合の濃度を比較する際の有効な手段として使われる.この定理により,$\#X < \#Y$ でかつ $\#X > \#Y$ であるような集合 X, Y は存在しないことになる.

> **定理 2.14** 集合 Y がその真部分集合 X と対等ならば,$\aleph_0 \leqq \#Y$ である.

証明 $f : Y \to X$ を全単射とする.$Y - X \neq \varnothing$ だから,1 つの要素 $a_0 \in Y - X$ を選ぶ.そこで,帰納的に各 $i \in \mathbb{N}$ に対して,

$$f(a_i) = a_{i+1}$$

とおく.$a_1 \in X$ だから,$a_0 \neq a_1$ である.さらに,f が単射であることから,$a_2 \neq a_1, a_2 \neq a_0$ がわかる.$A = \{a_i \mid i \in \mathbb{N}\}$ とおけば,帰納法によって A の要素はすべて互いに異なることが示される.写像 $g : \mathbb{N} \to A$ を $g(i) = a_i$ と定義すれば,g は全単射であり,$A \subset Y$ である.よって,$\#A = \aleph_0 \leqq \#Y$ である.　　◆

★ 定理 2.14 の証明には,選択公理 (66 ページを参照) を使用している.

★ 有限集合では，その真部分集合と対等になるという現象は起こらない．そこでフォンノイマン（J. von Neumann, 1903〜1957）は，「その真部分集合と対等となる」集合を「無限集合」と定義した．

系 2.3 任意の無限集合 X について，$\aleph_0 \leqq \#X$ である．

つまり，$\aleph_0$ は最小の無限濃度である．

さてせっかく濃度の大小を定義しても，無限濃度が $\aleph_0$ と $\aleph$ の 2 つだけではつまらない．具体的に問題を設定してみると：

（問 1） $\aleph$ より大きい濃度が存在するか？

（問 2） 最大の濃度が存在するか？

（問 3） $\aleph_0$ と $\aleph$ の間の入る濃度は存在するか？

（問 1）に対する答が次である．

定理 2.15 集合 $X\,(\neq \emptyset)$ の巾集合 2^X の濃度は，X の濃度より大きい；
$$\#X < \#2^X$$

証明 各 $x \in X$ に対して，x を要素とする部分集合 $\{x\} \in 2^X$ を対応させる写像は，2^X の真部分集合への単射であるから，
$$\#X \leqq \#2^X$$
である．

したがって，X と 2^X が対等ではないことを示せば十分である．これを背理法で証明する．全単射 $f: X \to 2^X$ があったとする．各 $x \in X$ について $f(x)$ を $A(x) \in 2^X$ とおく．そこで，（対角線論法によって）
$$B = \{x \in X \mid x \notin A(x)\} \subset X$$
なる集合を考えると，任意の $x \in X$ について，$B \neq A(x)$ だから，
$$B \notin f(X)$$
である．これは f が全射であることに反する． ◆

この結果，（問 2）の解答として「最大の濃度は存在しない」ことになる．

★ この断定も「素朴集合論」では難しい問題を引き起こす．カントールの考えた「すべての集合の集合」U が集合であるとすると，任意の部分集合 $A \subset U$ は U の要素，つまり，$A \in U$ である．

したがって，$2^U \subset U$ となるから，$\#2^U \leq \#U$ となり，上の定理 2.15 に反する．このような問題は，ツェルメロ（E. Zermelo, 1871～1953）とフレンケル（A.A. Fraenkel, 1891～1965）による「公理的集合論」の「ツェルメロ–フレンケルの公理系」（略して，**ZF 公理系**）では回避されている．

★「$\aleph_0$ と $\aleph$ の間に入る濃度は存在しないであろう」というのがカントールの予想で，**連続体仮説**（continuum hypothesis）」とよばれて，懸案となってきた．一般に，任意の無限濃度 n に対して $n < 2^n$ が成り立っている．そこで，「$n < m < 2^n$ なる濃度 m は存在するか？」というのが問題となる．これを「**一般連続体仮説**（general continuum hypothesis）」という．

1931 年にゲーデル（Kurt Gödel, 1906～1978）が集合論の公理系が無矛盾ならば，**選択公理**（axiom of choice）と一般連続体仮説を加えた体系もまた無矛盾であることを証明した．1963 年になって，コーヘン（P.J. Cohen, 1934～）は，ZF の集合論の中で一般連続体仮説を満たさないモデルを作った．これにより，ZF 集合論と選択公理と一般連続体仮説の独立性が証明された．つまり，ZF の中では，連続体仮説は本質的に証明も反証もできないものだったのである．

選択公理　無限集合 Λ を添え字集合とする集合族 $\{A_\lambda \mid \lambda \in \Lambda\}$ が与えられたとする．写像 $f : \Lambda \to \bigcup_{\lambda \in \Lambda} A_\lambda$ のうちで，各 $\lambda \in \Lambda$ に対して $f(\lambda) = a_\lambda \in A_\lambda$ となるようなものの全体を集合族 $\{A_\lambda \mid \lambda \in \Lambda\}$ の**直積**といい，$\prod_{\lambda \in \Lambda} A_\lambda$ で表す．

$$\forall \lambda \in \Lambda (A_\lambda \neq \emptyset) \quad \Rightarrow \quad \prod_{\lambda \in \Lambda} A_\lambda \neq \emptyset$$

を選択公理という．

選択公理と同値な命題がいくつか知られているが，ここでは深入りしない．次の例がもっともわかりやすく，使いやすい．

例 2.5　A, B を空でない集合とし，$f : A \to B$ を全射とすると，写像 $g : B \to A$ が存在して，$f \circ g = I_B : B \to B$ となる．

2.4 実数値連続関数

ある集合 X から実数全体の集合 $\mathbb{R}$ への写像 $f: X \to \mathbb{R}$ を，集合 X 上の**実数値関数**という．とくに $X \subset \mathbb{R}$ である場合，f を**実変数**の実数値関数という．本節では，実変数の実数値関数の連続性について考察する．

実変数の関数 $f: X \to \mathbb{R}$ と $\alpha \in X$ に関して，次のように定義する：α に収束する X の任意の数列 $[x_i]$ について，数列 $[f(x_i)]$ が常に $f(\alpha)$ に収束するとき，関数 f は α で**連続** (continuous) であるという．

関数 f がすべての $\alpha \in X$ で連続であるとき，f は X 上で**連続**である，あるいは X 上の**連続関数** (continuous function) であるという．

例題 2.16

実数 $a_0, a_1, a_2, \cdots, a_n$ を用いて，関数 $f: \mathbb{R} \to \mathbb{R}$ が n 次の多項式で
$$f(x) = a_0 + a_1 x + a_2 x^2 + \cdots + a_n x^n$$
のように与えられている．f は $\mathbb{R}$ 上の連続関数である．

証明 多項式の次数 n に関する帰納法で証明する．$n = 1$ の場合は，
$$f(x) = a_0 + a_1 x$$
である．任意の $\alpha \in \mathbb{R}$ と α に収束する任意の数列 $[x_i]$ について，数列 $[f(x_i)] = [a_0 + a_1 x_i]$ は $f(\alpha) = a_0 + a_1 \alpha$ に収束する．よって，f は連続関数である．

次に，k 次の多項式によって与えられた関数はすべて連続関数であると仮定する．このとき，$k+1$ 次の多項式
$$f(x) = a_0 + a_1 x + a_2 x^2 + \cdots + a_k x^k + a_{k+1} x^{k+1}$$
は，k 次の多項式 $g(x) = a_1 + a_2 x + \cdots + a_k x^{k-1} + a_{k+1} x^k$ を用いて，$f(x) = a_0 + x g(x)$ と表される．任意の $\alpha \in \mathbb{R}$ と α に収束する任意の数列 $[x_i]$ について，帰納法の仮定により数列 $[g(x_i)]$ は $g(\alpha)$ に収束する．よって，問題 2.9 により，数列 $[f(x_i)] = [a_0 + x_i g(x_i)]$ は $f(\alpha) = a_0 + \alpha g(\alpha)$ に収束する．ゆえに，f も連続関数である． ◆

例題 2.17

$f: \mathbb{R} \to \mathbb{R}$ を上の例題 2.16 で与えた連続関数とする．

任意の $\alpha \in \mathbb{R}$ と任意の正数 ε に対して，次の性質 $(*)$ を満たす正数 δ が存在する：

$(*)$ $\forall x \in \mathbb{R}, |x - \alpha| < \delta \;\; \Rightarrow \;\; |f(x) - f(\alpha)| < \varepsilon$

[証明] 多項式の次数 n に関する帰納法で証明する．

$n = 1$ の場合は，$f(x) = a_0 + a_1 x$ である．このとき，任意の $\alpha \in \mathbb{R}$ と任意の $\varepsilon > 0$ に対して，

$$\delta = \frac{\varepsilon}{1 + |a_1|}$$

とすれば，この $\delta > 0$ に関して $(*)$ が成り立つ．

$k(> 1)$ 次の多項式によって与えられた連続関数に関しては，任意の $\alpha \in \mathbb{R}$ と任意の $\varepsilon > 0$ に対して，$\delta > 0$ が存在して，$(*)$ を満たすとする．このとき，$k+1$ 次の多項式

$$f(x) = a_0 + a_1 x + a_2 x^2 + \cdots + a_k x^k + a_{k+1} x^{k+1}$$

によって与えられた連続関数 f は，上の例題 2.16 の証明と同じように，k 次の多項式 $g(x)$ を用いて，$f(x) = a_0 + x g(x)$ と表示できる．任意の $\alpha \in \mathbb{R}$ と任意の $\varepsilon > 0$ に対して，

$$\varepsilon_1 = \frac{\varepsilon}{2(1 + |\alpha|)}$$

と定める．$g(x)$ に対して，帰納法の仮定から，$\delta_1 > 0$ が存在して，$(*)$ が成り立つようにできる；つまり，

$(*)$ $\forall x \in \mathbb{R}, |x - \alpha| < \delta_1 \;\; \Rightarrow \;\; |g(x) - g(\alpha)| < \varepsilon_1$

ここで，

$$\delta = \min\left\{\delta_1, \frac{\varepsilon}{2(g(\alpha) + \varepsilon)}\right\}$$

とすれば，この $\delta > 0$ に関して $(*)$ が成り立つ．

よって，任意の多項式によって与えられた $\mathbb{R}$ 上の連続関数について，条件 $(*)$ を満たす正数 δ が存在する． ◆

2.4 実数値連続関数

上の例題 2.17 は，次のように一般の実変数関数の場合にも成立する．

> **定理 2.16** 実変数関数 $f: X \to \mathbb{R}$ と $\alpha \in \mathbb{R}$ について，次の (1) と (2) は同値である：
> (1) f が α で連続である．
> (2) 任意の正数 ε に対して，次の条件 (∗) を満たす正数 δ が存在する；
> (∗) $\forall x \in X, |x - \alpha| < \delta \Rightarrow |f(x) - f(\alpha)| < \varepsilon$

証明 ((1) ⇒ (2) の証明) f が $\alpha \in \mathbb{R}$ で連続であるとする．背理法で証明する．上の条件を否定すると，ある $\varepsilon > 0$ が存在して，どんな $\delta > 0$ に対しても，

$$\exists x_1 \in X(|x_1 - \alpha| < \delta \land |f(x_1) - f(\alpha)| \geq \varepsilon)$$

そこで，X の数列 $\{x_i\}$ を，帰納的に次のように定義する：

$$|x_{i+1} - \alpha| < \frac{|x_i - \alpha|}{2}, \quad |f(x_{i+1}) - f(\alpha)| \geq \varepsilon$$

このとき，数列 $\{x_i\}$ は α に収束するが，数列 $\{f(x_i)\}$ は $f(\alpha)$ には収束しない．これは，f が α で連続であるという仮定に反する．
((2) ⇒ (1) の証明) 任意の $\varepsilon > 0$ に対して，条件 (∗) を満たすような $\delta > 0$ が存在すると仮定する．X の数列 $\{x_i\}$ が $\alpha \in \mathbb{R}$ に収束しているとすれば，収束の定義から，次が成り立つ：

$$\exists N \in \mathbb{N}(\forall n \in \mathbb{N}, n \geq N \Rightarrow |x_n - \alpha| < \delta)$$

このとき，条件 (∗) により，

$$n \geq N \quad \Rightarrow \quad |f(x_n) - f(\alpha)| < \varepsilon$$

が成り立つ．これは数列 $\{f(x_i)\}$ が $f(\alpha)$ に収束することを示す．ゆえに，f は α において連続である． ◆

★ ニュートン（Isaac Newton, 1642～1727）の微積分は極限概念の導入である．「Δx が限りなく 0 に近づくと$\cdots$」，これは無限の過程の使用であった．「限りなく近づく」を具現するのが収束する数列である．

上の定理 2.16 によって，実変数関数 $f: X \to \mathbb{R}$ が $\alpha \in X$ で連続であるという定義は，数列と切り離して，つまり無限操作を回避して，記述できることになった．

コーシー（A.L. Cauchy, 1789〜1857）の功績であり，通常，**ε-δ 論法**といわれる．例題 2.17 と定理 2.16 に見られるように，無限操作を不等式の解の存在条件に帰着させたわけで，ギリシャ以来の理論の有限性を回復した（ことになる）．

$X \subset \mathbb{R}$ とする．関数 $f : X \to \mathbb{R}$ が点 $\alpha \in X$ で**連続**であることを，

(∗) $\forall \varepsilon > 0, \exists \delta > 0 \, (\forall x \in X, |x - \alpha| < \delta \Rightarrow |f(x) - f(\alpha)| < \varepsilon)$

と定義する．

★ これは，「（どんなに小さい）$\varepsilon > 0$ を与えても，（十分に小さな）$\delta > 0$ を適当に選べば，x と α の距離が δ より小さいならば，$f(x)$ と $f(\alpha)$ の距離は ε より小さい」ことを意味する．

例題 2.18

関数 $f : \mathbb{R} \to \mathbb{R}$ が点 $\alpha \in \mathbb{R}$ で連続で，関数 $g : \mathbb{R} \to \mathbb{R}$ が点 $f(\alpha)$ で連続ならば，合成関数 $g \circ f : \mathbb{R} \to \mathbb{R}$ も点 $\alpha \in \mathbb{R}$ で連続である．

[証明] 関数 g が点 $f(\alpha)$ で連続であるから，

$\forall \varepsilon > 0, \exists \delta' > 0 \, (\forall y \in \mathbb{R}, |y - f(\alpha)| < \delta' \Rightarrow |g(y) - g(f(\alpha))| < \varepsilon)$

一方，f が α で連続であるから，この $\delta' > 0$ に対して，

$\exists \delta > 0 \, (\forall x \in \mathbb{R}, |x - \alpha| < \delta \Rightarrow |f(x) - f(\alpha)| < \delta')$

結局，

$\forall \varepsilon > 0, \exists \delta > 0 \, (\forall x \in \mathbb{R}, |x - \alpha| < \delta \Rightarrow |g(f(x)) - g(f(\alpha))| < \varepsilon)$

となり，$g \circ f$ が α で連続であることが示された． ◆

■問 題

2.15 関数 $f : \mathbb{R} \to \mathbb{R}$ と関数 $g : \mathbb{R} \to \mathbb{R}$ が点 $\alpha \in \mathbb{R}$ で連続ならば，次の関数も点 α で連続であることを示しなさい．

(1) $f + g : \mathbb{R} \to \mathbb{R}; \quad (f+g)(x) = f(x) + g(x)$

(2) $cf : \mathbb{R} \to \mathbb{R}; \quad (cf)(x) = cf(x), c \in \mathbb{R}$ （定数）

(3) $f \cdot g : \mathbb{R} \to \mathbb{R}; \quad (f \cdot g)(x) = f(x)g(x)$

2.4 実数値連続関数

定理 2.17（中間値の定理） $f: [a,b] \to \mathbb{R}$ を連続関数とする．もし，
$$f(a) < f(b) \quad (\text{または},\ f(a) > f(b))$$
であれば，次が成立する：
$$\forall \gamma \in \mathbb{R}, f(a) < \gamma < f(b), \exists c \in [a,b]\,(f(c) = \gamma)$$
$$(\text{または},\quad \forall \gamma \in \mathbb{R}, f(a) > \gamma > f(b), \exists c \in [a,b]\,(f(c) = \gamma)).$$

証明 $f\left(\dfrac{a+b}{2}\right) \geqq \gamma$ の場合は，$a_1 = a,\ b_1 = \dfrac{a+b}{2}$，
$ < \gamma$ の場合は，$a_1 = \dfrac{a+b}{2},\ b_1 = b$

とする．この際，$f(a_1) < \gamma \leqq f(b_1)$ である．

次に，閉区間 $[a_1, b_1]$ について，同じ操作を行う．こうして，順次 a_i, b_i が決められ，$f(a_i) < \gamma \leqq f(b_i)$ を満たすとする．このとき，

$$f\left(\dfrac{a_i + b_i}{2}\right) \geqq \gamma\ \text{の場合は},\ a_{i+1} = a_i,\ b_{i+1} = \dfrac{a_i + b_i}{2},$$
$$< \gamma\ \text{の場合は},\ a_{i+1} = \dfrac{a_i + b_i}{2},\ b_{i+1} = b_i$$

とする．このようにして定められた 2 つの数列について，$\{a_i\}$ は単調増加で，$\{b_i\}$ は単調減少である．さらに，次が成り立つ；

$$a \leqq a_i < b_i \leqq b,\quad f(a_i) < \gamma \leqq f(b_i),\quad b_i - a_i = \dfrac{b-a}{2^i}$$

実数の連続性に関する公理 [III] により，これら 2 つの数列は収束する；

$$a_i \to \alpha \quad (i \to \infty),\quad b_i \to \beta \quad (i \to \infty)$$

とする．例題 2.6 および問題 2.7 より，$\alpha, \beta \in [a,b]$ であり，次が成り立つ；

$$\beta - \alpha = \lim_{i \to \infty}(b_i - a_i) = \lim_{i \to \infty} \dfrac{b-a}{2^i} = 0$$

ゆえに，$\alpha = \beta$．また，f は連続関数であるから，

$$f(\alpha) = \lim_{i \to \infty} f(a_i) \leqq \gamma,\qquad f(\beta) = \lim_{i \to \infty} f(b_i) \geqq \gamma$$

が成り立ち，$f(\alpha) = \gamma$ である．よって，$c = \alpha$ が求める値である． ◆

★ $f(x)$ は区間 $[f(a), f(b)]$（または，区間 $[f(b), f(a)]$）内のすべての値を取り得る．

定理 2.18 閉区間上の連続関数 $f: [a,b] \to \mathbb{R}$ は最大値と最小値をもつ.

証明 (1) $f([a,b])$ が $\mathbb{R}$ で有界であることの証明：背理法により証明する.

$f([a,b])$ が有界でないとすると, $f([a, (a+b)/2])$ と $f([(a+b)/2, b])$ のいずれか一方は有界ではない. $f([a, (a+b)/2])$ が有界でないならば,

$$a_1 = a, \quad b_1 = (a+b)/2$$

とし, $f([(a+b)/2, b])$ が有界でないならば,

$$a_1 = (a+b)/2, \quad b_1 = b$$

とする. このとき, $f([a_1, (a_1+b_1)/2])$ と $f([(a_1+b_1)/2, b_1])$ のいずれか一方は有界ではない. そこで同じようにして, 有界でない方を利用して区間 $[a_2, b_2]$ を作る. この操作を反復して, 閉区間の列 $[a_i, b_i]$ を作ると, $f\,|\,[a_i, b_i]$ は非有界な連続関数であり, 次が成り立つ；

$$a_1 \leqq a_2 \leqq \cdots \leqq a_i \leqq b_i \leqq \cdots \leqq b_2 \leqq b_1$$

2 つの数列 $\{a_i\}, \{b_i\}$ は単調有界数列であるから, 実数の連続性に関する公理 [III] により, 収束するが,

$$b_i - a_i = \frac{b-a}{2^i}$$

であるから, それらは同一の極限をもつ；その極限を γ とする. $a \leqq a_i \leqq b$ だから, $a \leqq \gamma \leqq b$ である. 関数 f の連続性から, $\varepsilon = 1$ に対して $\delta > 0$ が存在して,

$$\forall x, \gamma - \delta < x < \gamma + \delta \quad \Rightarrow \quad |f(x) - f(\gamma)| < 1$$

となる. ところで, この $\delta > 0$ に対して, 数列の収束の定義から, 自然数 N が存在して,

$$n \geqq N \quad \Rightarrow \quad [a_n, b_n] \subset [\gamma - \delta, \gamma + \delta]$$

となる. すると,

$$f([a_n, b_n]) \subset [f(\gamma) - 1, f(\gamma) + 1]$$

となり, これは $f\,|\,[a_n, b_n]$ が非有界であることに反する.

ゆえに, $f([a,b])$ は有界である.

(2) 最大値・最小値の存在の証明：上の (1) により，$f([a,b])$ は有界集合なので，実数の連続性に関する公理 [II] により，その上限 M と下限 L が存在する．$f(x) = M, f(x') = L$ を満たす $x, x' \in [a,b]$ の存在を示せば，最大値・最小値の存在が証明されたことになる．

証明は，(1) の有界性の証明において，「いずれか一方の区間では有界ではない」という言葉を，「いずれか一方の区間ではその上限は M である」という言葉で置き換えていくと，閉区間 $[a_i, b_i]$ で f の上限が M であるように数列〔a_i〕，〔b_i〕を選ぶことができる．$i \in \mathbb{N}$ について，$M - 1/i$ は上限ではないので，

$$M - 1/i < f(x_i) \leq M, \quad a_i \leq x_i \leq b_i$$

を満たすように $[a,b]$ の数列〔x_i〕を選ぶことができる．f は連続関数なので，

$$\lim_{i \to \infty} f(x_i) = f\left(\lim_{i \to \infty} x_i\right) = f(\gamma)$$

が成り立つ．一方，はさみうちの原理（例題 2.7）によって，

$$\lim_{i \to \infty} f(x_i) = M$$

なので，$f(\gamma) = M$ を得る．

最小値の存在の証明は演習問題とする． ◆

問 題

2.16 上の定理 2.18 の後半部分で，最小値の存在の証明を完成しなさい．

★ 定理 2.18 では，関数 f が閉区間で連続という条件が重要である．開区間で連続であっても，必ずしも最大値あるいは最小値は存在しない．

$\mathbb{R}$ の開集合・閉集合　　点 $x \in \mathbb{R}$ および $\varepsilon > 0$ に対して，開区間 $(x - \varepsilon, x + \varepsilon)$ を x の ε-近傍 (ε-neighborhood) といい，$N(x; \varepsilon)$ で表すことにする．

先に 69 ページにおいて，$X \subset \mathbb{R}$ について，関数 $f : X \to \mathbb{R}$ が点 $\alpha \in X$ で連続であることを，ε-δ 論法で記述したが，この記号を用いると，

$$(*) \qquad \forall \varepsilon > 0, \exists \delta > 0 \, (f(N(\alpha; \delta)) \subset N(f(\alpha); \varepsilon))$$

が真なる命題であることと，言い換えることができる．

さて，部分集合 $U \subset \mathbb{R}$ が（$\mathbb{R}$ の）**開集合**（open set, open subset）であるとは，

(O) $\qquad\qquad \forall x \in U, \exists \varepsilon > 0 \, (N(x;\varepsilon) \subset U)$

が真なる命題である場合をいう．

例 2.6 空集合 $\varnothing$ および $\mathbb{R}$ は $\mathbb{R}$ の開集合である．

実際，$\varnothing$ が開集合であることを示すためには，定義にしたがって，$\forall x \in \varnothing$ に対して $\varepsilon > 0$ が存在して，$N(x;\varepsilon) \subset \varnothing$ となることを示す．ところが，$x \in \varnothing$ となる x は存在しないので，($\exists \varepsilon > 0 \, (N(x;\varepsilon) \subset \varnothing)$ が真かどうかを考えるまでもなく)，命題
$$\forall x \in \varnothing, \exists \varepsilon > 0 \, (N(x;\varepsilon) \subset \varnothing)$$
は真である．

$\mathbb{R}$ の定義から，
$$\forall x \in \mathbb{R} \, (N(x;1) \subset \mathbb{R})$$
は真であるから，$\mathbb{R}$ は $\mathbb{R}$ の開集合である．

例 2.7 (1) 任意の実数 $a, b \, (a < b)$ について，開区間 (a, b) は $\mathbb{R}$ の開集合である．実際，任意の $x \in (a, b)$ に対して，$\varepsilon = \min\{x - a, b - x\}$ とおけば，
$$\varepsilon > 0, \quad N(x;\varepsilon) \subset (a, b)$$
が成り立つ．

(2) 任意の実数 a について，$(-\infty, a), (a, \infty)$ は $\mathbb{R}$ の開集合である．実際，任意の点 $x \in (-\infty, a)$ に対して，$\varepsilon = a - x$ とおけば，
$$\varepsilon > 0, \quad N(x;\varepsilon) \subset (-\infty, a)$$
が成り立つ．

■ 問　題

2.17 閉区間 $[a, b]$，半開区間 $[a, b), (a, b], (-\infty, a], [a, \infty)$ はいずれも $\mathbb{R}$ の開集合ではないことを示しなさい．

2.4 実数値連続関数

---**例題 2.19**---

連続関数 $f:\mathbb{R} \to \mathbb{R}$ および $\mathbb{R}$ の開集合 U について，f による U の逆像 $f^{-1}(U)$ は $\mathbb{R}$ の開集合である．

証明 任意の $\alpha \in f^{-1}(U)$ について，$f(\alpha) \in U$ である．U が $\mathbb{R}$ の開集合であるから，
$$\exists \varepsilon > 0 \, (N(f(\alpha);\varepsilon) \subset U)$$
関数 f が点 α で連続であるから，この ε に対して
$$\exists \delta > 0 \, (f(N(\alpha;\delta)) \subset N(f(\alpha);\varepsilon))$$
よって，$f(N(\alpha;\delta)) \subset U$ となる．したがって，$N(\alpha;\delta) \subset f^{-1}(U)$ である．ゆえに，$f^{-1}(U)$ は $\mathbb{R}$ の開集合である． ◆

---**例題 2.20**---

関数 $f:\mathbb{R} \to \mathbb{R}$ について，$\mathbb{R}$ の任意の開集合 U に対して，f による U の逆像 $f^{-1}(U)$ が $\mathbb{R}$ の開集合であるならば，f は連続関数である．

証明 任意の点 $\alpha \in \mathbb{R}$ と任意の $\varepsilon > 0$ に対して，$N(f(\alpha);\varepsilon)$ は開区間であるから，この集合は $\mathbb{R}$ の開集合である．関数 f に関する仮定から，逆像 $f^{-1}(N(f(\alpha);\varepsilon))$ は $\mathbb{R}$ の開集合であり，点 α を含んでいる．よって，
$$\exists \delta > 0 \, (N(\alpha);\delta) \subset f^{-1}(N(f(\alpha);\varepsilon))) \quad \therefore \quad f(N(\alpha;\delta)) \subset N(f(\alpha);\varepsilon)$$
よって，ε-δ 論法により，f は α において連続である．α は任意であったから，f は $\mathbb{R}$ 上で連続である． ◆

問題

2.18 $U_1, U_2, \cdots, U_m$ を $\mathbb{R}$ の開集合とすれば，共通集合
$$U_1 \cap U_2 \cap \cdots \cap U_m$$
も $\mathbb{R}$ の開集合であることを証明しなさい．

2.19 集合 Λ の元 λ に対して，$\mathbb{R}$ の開集合族 $\{U_\lambda \mid \lambda \in \Lambda\}$ が与えられたとする．和集合 $\bigcup_{\lambda \in \Lambda} U_\lambda$ も $\mathbb{R}$ の開集合であることを証明しなさい．

$\mathbb{R}$ の部分集合 F は，その補集合
$$F^c = \mathbb{R} - F$$
が $\mathbb{R}$ の開集合である場合に，$\mathbb{R}$ の**閉集合**（closed set, closed subset）であるという．

例 2.8 (1) 空集合 $\emptyset$ および $\mathbb{R}$ は $\mathbb{R}$ の閉集合である．実際，$\emptyset^c = \mathbb{R}, \mathbb{R}^c = \emptyset$ であり，これらはいずれも $\mathbb{R}$ の開集合である（例 2.6）．

(2) 任意の実数 $a, b \, (a < b)$ について，閉区間 $[a, b]$ は $\mathbb{R}$ の閉集合である．実際，$[a, b]^c = (-\infty, a) \cup (b, \infty)$ であり，例 2.7 (2) と問題 2.19 によって，これは $\mathbb{R}$ の開集合である．

(3) 任意の実数 a について，$(-\infty, a], [a, \infty)$ はいずれも $\mathbb{R}$ の閉集合である．実際，$(-\infty, a]^c = (a, \infty)$ であり，これは例 2.7 (2) より $\mathbb{R}$ の開集合である．$[a, \infty)^c = (-\infty, a)$ であり，これもまた $\mathbb{R}$ の開集合である．

(4) 任意の実数 a について，1 点集合 $\{a\}$ は $\mathbb{R}$ の閉集合である．実際，$\{a\}^c = (-\infty, a) \cup (a, \infty)$ であり，例 2.7 (2) と問題 2.19 により，これは $\mathbb{R}$ の開集合である．

■ **問 題**

2.20 次の (1), (2) を証明しなさい．
 (1) $F_1, F_2, \cdots, F_m$ を $\mathbb{R}$ の閉集合とすると，和集合
$$F_1 \cup F_2 \cup \cdots \cup F_m$$
も $\mathbb{R}$ の閉集合である．
 (2) $\mathbb{R}$ の閉集合族 $\{F_\lambda \mid \lambda \in \Lambda\}$ に対して，その共通集合 $\bigcap_{\lambda \in \Lambda} F_\lambda$ も $\mathbb{R}$ の閉集合である．

★ $\mathbb{R}$ の部分集合は，開集合か閉集合のいずれかになるとは限らない．

第3章

ユークリッド空間

この章では本講の主題であるユークリッド空間について学習する．第1章で触れたように，n 次元ユークリッド空間は，集合としては実数全体の集合 $\mathbb{R}$ の n 個の直積集合であるが，$\mathbb{R}$ がもっているさまざまな数学的構造を自然な形で引継ぎ，数学の豊かな舞台となる．

3.1 ユークリッド空間

数直線：1次元ユークリッド空間　実数全体の集合を $\mathbb{R}$ で表す．$\mathbb{R}$ 上では，四則演算が定義されて基本命題（第2章定理 2.5）を満たし，順序の公理（第2章問題 2.2）と連続性に関する公理も満たしている．また $\mathbb{R}$ は座標を定めた直線，すなわち数直線で表されることも知っている．そこで実数 $x \in \mathbb{R}$ と数直線上で x を座標とする点を同一視する．数直線上では点 x と点 y の間の距離 $d^{(1)}(x,y)$ は，x と y を結ぶ線分の長さであり，絶対値を使って次のように与えられる：

$$d^{(1)}(x,y) = |x-y| = \sqrt{(x-y)^2}$$

実数の種々の性質に加えて，この距離 $d^{(1)}$ も併せて考慮にいれた数直線を $\mathbb{R}^1$ で表し，**1次元ユークリッド空間**とよぶことにする．

問題

3.1　1次元ユークリッド空間 $\mathbb{R}^1$ の4点 a, b, c, d について，次の等式が成り立つことを証明しなさい（オイラーの公式）．

$$d^{(1)}(a,b)\,d^{(1)}(c,d) + d^{(1)}(a,d)\,d^{(1)}(b,c) - d^{(1)}(a,c)\,d^{(1)}(b,d)$$

2次元と3次元のユークリッド空間　平面上に直交する2本の直線を描き，交点を原点としてそれぞれの直線に座標を導入することによって，平面上に座標が定まることを中学校で学習し，これを**座標平面**とよんだ．ここで改めて，座標平面を2つの1次元ユークリッド空間$\mathbb{R}^1$の直積集合$\mathbb{R}^1 \times \mathbb{R}^1 = \mathbb{R}^2$とみなし，**2次元ユークリッド空間**とよぶ；

$$\mathbb{R}^2 = \{(x_1, x_2) \mid x_1 \in \mathbb{R}^1, x_2 \in \mathbb{R}^1\}$$

$\mathbb{R}^2$の2点$x = (x_1, x_2)$, $y = (y_1, y_2)$の間の距離$d^{(2)}(x, y)$は，これらを結ぶ線分の長さであり，ピタゴラスの定理（3平方の定理）を使って

$$d^{(2)}(x, y) = \sqrt{(x_1 - y_1)^2 + (x_2 - y_2)^2}$$

で与えられる．

　高等学校では，空間の中に1点Oで互いに直交する3本の直線を考え，点Oを原点としてそれぞれの直線に座標を導入することによって，空間内に座標が定まることを学んだ．このように座標を定めた空間を3つの1次元ユークリッド空間$\mathbb{R}^1$の直積集合$\mathbb{R}^1 \times \mathbb{R}^1 \times \mathbb{R}^1 = \mathbb{R}^3$とみなし，**3次元ユークリッド空間**とよぶ；

$$\mathbb{R}^3 = \{(x_1, x_2, x_3) \mid x_1 \in \mathbb{R}^1, x_2 \in \mathbb{R}^1, x_3 \in \mathbb{R}^1\}$$

2点$x = (x_1, x_2, x_3)$, $y = (y_1, y_2, y_3)$の間の距離$d^{(3)}(x, y)$は，これらを結ぶ線分の長さであり，ピタゴラスの定理を2度使って

$$d^{(3)}(x, y) = \sqrt{(x_1 - y_1)^2 + (x_2 - y_2)^2 + (x_3 - y_3)^2}$$

で与えられる．

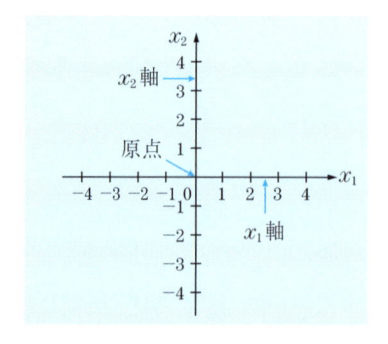

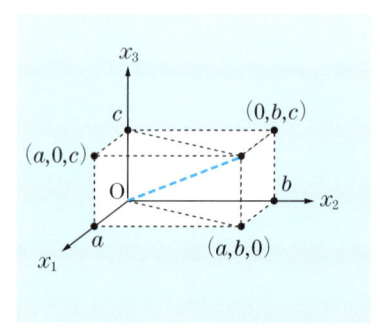

3.1 ユークリッド空間

n 次元ユークリッド空間　一般に，自然数 n に関して，n 個の 1 次元ユークリッド空間 $\mathbb{R}^1$ の直積集合 $\mathbb{R}^n = \mathbb{R}^1 \times \mathbb{R}^1 \times \cdots \times \mathbb{R}^1$ を **n 次元ユークリッド空間**とよぶ；

$$\mathbb{R}^n = \{(x_1, x_2, \cdots, x_n) \mid x_1 \in \mathbb{R}^1, x_2 \in \mathbb{R}^1, \cdots, x_n \in \mathbb{R}^1\}$$

$\mathbb{R}^n$ の 2 点 $x = (x_1, x_2, \cdots, x_n)$, $y = (y_1, y_2, \cdots, y_n)$ の間の距離 $d^{(n)}(x, y)$ は，上の $n = 1, 2, 3$ の場合を一般化して，次の式で与える：

$$d^{(n)}(x, y) = \sqrt{(x_1 - y_1)^2 + (x_2 - y_2)^2 + \cdots + (x_n - y_n)^2}$$

このようにして，2 点間の距離が定義された $\mathbb{R}^n$ を n 次元ユークリッド空間といい，距離を明示して $(\mathbb{R}^n, d^{(n)})$ のようにも書く．

★ 次の第 4 章で，一般の「距離空間」を学ぶ．集合 $\mathbb{R}^n$ にはここで定義した距離の他にもいくつもの「距離」が定義できる．上で定義した距離は最も自然で多く用いられるもので，とくに**ユークリッドの距離**，または**通常の距離**などとよばれる．

定理 3.1　$\mathbb{R}^n$ 上の通常の距離 $d^{(n)}$ に関して，次が成り立つ：
[D1]　$\forall x, y \in \mathbb{R}^n (d^{(n)}(x, y) \geq 0)$. とくに，$d^{(n)}(x, y) = 0 \Leftrightarrow x = y$.
[D2]　$\forall x, y \in \mathbb{R}^n (d^{(n)}(x, y) = d^{(n)}(y, x))$
[D3]　$\forall x, y, z \in \mathbb{R}^n (d^{(n)}(x, z) \leq d^{(n)}(x, y) + d^{(n)}(y, z))$　（三角不等式）

証明　距離 $d^{(n)}$ の定義から，[D1] と [D2] が成り立つことは明らかである．[D3] は次の補題を用いると容易に証明される（演習問題）．　◆

補題 3.1（シュワルツの不等式）　任意の実数 $a_1, a_2, \cdots, a_n, b_1, b_2, \cdots, b_n$ に関して，次の不等式が成立する：

$$\left(\sum_{i=1}^n a_i^2\right)\left(\sum_{i=1}^n b_i^2\right) \geq \left(\sum_{i=1}^n a_i b_i\right)^2$$

略証　簡単な式変形によって，次のように証明される：

$$\left(\sum_{i=1}^n a_i^2\right)\left(\sum_{i=1}^n b_i^2\right) - \left(\sum_{i=1}^n a_i b_i\right)^2$$
$$= \sum_{i<j}(a_i^2 b_j^2 + a_j^2 b_i^2 - 2a_i b_i a_j b_j) = \sum_{i<j}(a_i b_j - a_j b_i)^2 \geq 0$$
◆

■ 問 題

3.2 定理 3.1 の [D3] の証明を完成させなさい．

★ 定理 3.1 の [D3] は，「三角形の 2 辺の和は残りの 1 辺より大きい」に対応するもので，三角不等式とよばれる．この式は，

$$d^{(n)}(x,z) - d^{(n)}(x,y) \leq d^{(n)}(y,z)$$

の形に書き換えられる．[D3] は $d^{(n)}(x,y) \leq d^{(n)}(x,z) + d^{(n)}(y,z)$ と置き換えてもよいから，この式を同じように変形して，

$$d^{(n)}(x,y) - d^{(n)}(x,z) \leq d^{(n)}(y,z)$$

が得られる．これらの式をまとめて，

[D3′] $\forall x,y,z \in \mathbb{R}^n (|d^{(n)}(x,z) - d^{(n)}(x,y)| \leq d^{(n)}(y,z))$

が得られる．これは「三角形の 2 辺の差は残りの 1 辺より小さい」に対応するもので，これも三角不等式とよばれ，よく使われる．

ベクトル空間としての $\mathbb{R}^n$

線形代数学で学習したように，$\mathbb{R}^n$ の点 $(x_1, x_2, \cdots, x_n)$ (の座標を) をそのまま (n 次行) ベクトルとみなすと，$\mathbb{R}^n$ は

$$\boldsymbol{e}_1 = (1,0,0,\cdots,0,0), \quad \boldsymbol{e}_2 = (0,1,0,\cdots,0,0), \quad \cdots,$$
$$\boldsymbol{e}_{n-1} = (0,0,0,\cdots,1,0), \quad \boldsymbol{e}_n = (0,0,0,\cdots,0,1)$$

を標準基底としてもつ n 次元実ベクトル空間となる．このベクトル空間上には**内積** (inner product) が定義される．この様子を見てみよう．

$n = 1$ ($\mathbb{R}^1$ の場合)：2 点 $x, y \in \mathbb{R}^1$ の内積 $\langle x, y \rangle$ は，単純に，

$$\langle x, y \rangle = xy.$$

$n = 2$ ($\mathbb{R}^2$ の場合)：2 点 $x = (x_1, x_2), y = (y_1, y_2) \in \mathbb{R}^2$ の内積 $\langle x, y \rangle$ は，

$$\langle x, y \rangle = x_1 y_1 + x_2 y_2.$$

$n = 3$ ($\mathbb{R}^3$ の場合)：2 点 $x = (x_1, x_2, x_3), y = (y_1, y_2, y_3) \in \mathbb{R}^3$ の内積 $\langle x, y \rangle$ は，

$$\langle x, y \rangle = x_1 y_1 + x_2 y_2 + x_3 y_3.$$

3.1 ユークリッド空間

そこで一般に $\mathbb{R}^n$ の 2 点 $x = (x_1, x_2, \cdots, x_n)$, $y = (y_1, y_2, \cdots, y_n)$ の**内積** $\langle x, y \rangle$ を,

$$\langle x, y \rangle = x_1 y_1 + x_2 y_2 + \cdots + x_n y_n = \sum_{i=1}^{n} x_i y_i$$

によって定義する. 内積は次元にかかわらず, 実数であることに注意する.

(どの次元についても), 距離を内積を用いて表せば,

$$d^{(n)}(x, y) = \sqrt{\langle x - y, x - y \rangle}$$

となっている.

内積を用いて, ベクトル $x = (x_1, x_2, \cdots, x_n) \in \mathbb{R}^n$ の**大きさ**(**ノルム** (norm), **長さ**ともいう) $\|x\|$ を,

$$\|x\| = \sqrt{\langle x, x \rangle}$$

によって定義する.

★ 定義からわかるように, ベクトル $x = (x_1, x_2, \cdots, x_n)$ のノルム $\|x\|$ は点 x と原点 $O = (0, 0, \cdots, 0)$ との距離であり, $\mathbb{R}^1$ については $\|x\| = |x|$ (絶対値) である.

距離 $d^{(n)}(x, y)$ と内積 $\langle x, y \rangle$ の関係が明らかになったので, この内積が定義されたベクトル空間 $\mathbb{R}^n$ を **n 次元ユークリッド空間**ということも多い. $\mathbb{R}^n$ の点とベクトルとしての元は同じ記号 $(x_1, x_2, \cdots, x_n)$ で表すが, 混乱することは無いと思う. 都合の良い方を活用する.

■問 題

3.3 $\mathbb{R}^n$ 上の内積 $\langle \, , \, \rangle$ について, 次が成り立つことを証明しなさい.

(1) $\forall x \in \mathbb{R}^n (\langle x, x \rangle \geqq 0)$, とくに, $\langle x, x \rangle = 0 \Leftrightarrow x = (0, 0, \cdots, 0)$

(2) $\forall x_1, x_2, y \in \mathbb{R}^n, \forall \lambda \in \mathbb{R}$:

$$\langle x_1 + x_2, y \rangle = \langle x_1, y \rangle + \langle x_2, y \rangle, \quad \langle \lambda x, y \rangle = \lambda \langle x, y \rangle$$

(3) $\forall x, y \in \mathbb{R}^n (\langle x, y \rangle = \langle y, x \rangle)$

ヒント 内積の定義に基づいて計算するだけである.

3.4 シュワルツの不等式（補題 3.1）をノルムを使って書き換えると，次のようになる：
$$|\langle x,y\rangle| \leq \|x\|\|y\|$$
この式を証明しなさい．

3.5 ベクトルのノルムに関して，次が成り立つことを証明しなさい．
[N1] $\forall x \in \mathbb{R}^n (\|x\| \geq 0)$, とくに，$\|x\| = 0 \Leftrightarrow x = (0,0,\cdots,0)$
[N2] $\forall x \in \mathbb{R}^n, \forall \lambda \in \mathbb{R}(\|\lambda x\| = |\lambda|\|x\|)$
[N3] $\forall x,y \in \mathbb{R}^n (\|x+y\| \leq \|x\| + \|y\|)$

★ 問題 3.5 の [N3] は三角不等式 [D3] に対応するものであるが，[D3], [D3'] をそのまま書き換えると，次のようになる：

[N3] $\forall x,y,z \in \mathbb{R}^n (\|x-z\| \leq \|x-y\| + \|y-z\|)$

[N3'] $\forall x,y,z \in \mathbb{R}^n (\,|\,\|x-y\| - \|x-z\|\,| \leq \|y-z\|)$

例題 3.1

$x = (x_1, x_2, \cdots, x_n), y = (y_1, y_2, \cdots, y_n) \in \mathbb{R}^n$ に対して，次が成り立つ：
$$|x_1 - y_1| + |x_2 - y_2| + \cdots + |x_n - y_n| \geq \|x - y\|$$

証明 $(左辺)^2 = \sum_{i=1}^n |x_i - y_i|^2 + 2\sum_{i>j} |x_i - y_i||x_j - y_j|$
$\geq \sum_{i=1}^n |x_i - y_i|^2 = (右辺)^2$ ◆

問題

3.6 $x = (x_1, x_2, \cdots, x_n), y = (y_1, y_2, \cdots, y_n) \in \mathbb{R}^n$ に対して，次が成り立つことを証明しなさい：
$$|x_1 - y_1| + |x_2 - y_2| + \cdots + |x_n - y_n| \leq n\|x - y\|$$

3.2　$\mathbb{R}^n$ の開集合・閉集合

★　この章では，$\mathbb{R}^n$ では通常の距離 $d^{(n)}$ のみを考えるので，混乱が生じない限り，これを単に d で示す．

開集合　まず，開区間 $(a-\varepsilon, a+\varepsilon)$ を，次のように一般化する：
点 $a \in \mathbb{R}^n$ と実数 $\varepsilon > 0$ に対して，点 a を**中心**とする**半径** ε の**開球**または**開球体** (open n-ball)

$$N(a;\varepsilon) = \{x \in \mathbb{R}^n \mid d(x,a) < \varepsilon\}$$

を，点 a の ε-**近傍** (ε-neighborhood) という．

部分集合 $U \subset \mathbb{R}^n$ が（$\mathbb{R}^n$ の）**開集合** (open set, open subset) であるとは，

$$\forall x \in U, \exists \varepsilon > 0 \, (N(x;\varepsilon) \subset U)$$

が真なる命題である場合をいう．

例 3.1　空集合 $\emptyset$ および $\mathbb{R}^n$ は $\mathbb{R}^n$ の開集合である（cf. 第 2 章，例 2.6）．

─**例題 3.2**─────────────
任意の点 $a \in \mathbb{R}^n$ と任意の実数 $\varepsilon > 0$ について，開球体 $N(a;\varepsilon)$ は $\mathbb{R}^n$ の開集合である．

証明　点 $x \in N(a;\varepsilon)$ に対して，$\delta = \varepsilon - d(a,x)$ とすると，$\delta > 0$ である．

このとき，任意の $y \in N(x;\delta)$ について，$d(x,y) < \delta$ であることに注意すると，三角不等式より，

$$d(a,y) \leq d(a,x) + d(x,y) < d(a,x) + \delta = \varepsilon$$

が成り立つ．よって，$y \in N(a;\varepsilon)$；したがって，$N(x;\delta) \subset N(a;\varepsilon)$．　◆

■問題

3.7 任意の点 $a \in \mathbb{R}^n$ と任意の実数 $\varepsilon > 0$ について，
$$X = \{x \in \mathbb{R}^n \mid d(a,x) > \varepsilon\}$$
は $\mathbb{R}^n$ の開集合であることを証明しなさい．

──例題 **3.3**──

開区間の直積 $A = (a_1, b_1) \times (a_2, b_2) \subset \mathbb{R}^2$ は，$\mathbb{R}^2$ の開集合である．

証明 点 $x = (x_1, x_2) \in A$ に対して，
$$\varepsilon = \min\{|x_1 - a_1|, |x_1 - b_1|, |x_2 - a_2|, |x_2 - b_2|\}$$
とする．任意の点 $y = (y_1, y_2) \in N(x; \varepsilon)$ について，

$|y_1 - x_1| \leqq d(x,y) < \varepsilon \leqq \min\{|x_1 - a_1|, |x_1 - b_1|\}$ だから $a_1 < y_1 < b_1$,
$|y_2 - x_2| \leqq d(x,y) < \varepsilon \leqq \min\{|x_2 - a_2|, |x_2 - b_2|\}$ だから $a_2 < y_2 < b_2$.

よって，$y \in A$；したがって，$N(x; \varepsilon) \subset A$. ◆

★ 上の例題 3.3 の集合 A は，次のようにも表すことができる：
$$A = \{(x_1, x_2) \in \mathbb{R}^2 \mid a_1 < x_1 < b_1, a_2 < x_2 < b_2\}.$$

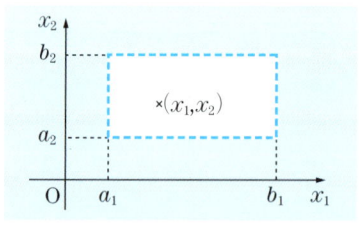

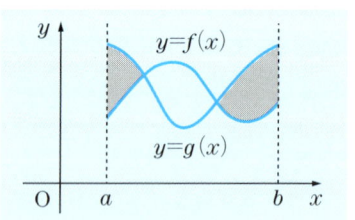

■問題

3.8 集合 $B = \{(x,y) \in \mathbb{R}^2 \mid a < x < b, f(x) < y < g(x)\}$ は $\mathbb{R}^2$ の開集合であることを証明しなさい．ただし，$f : (a,b) \to \mathbb{R}^1$, $g : (a,b) \to \mathbb{R}^1$ を開区間 (a,b) 上の実数値連続関数とする（右上の図を参照）．

3.9 集合 $H = \{(x,y) \in \mathbb{R}^2 \mid y > x\}$ は $\mathbb{R}^2$ の開集合であることを証明しなさい．
ヒント 点 $x = (x_1, y_1) \in H$ と直線 $y = x$ の距離は $|x_1 - y_1|/\sqrt{2}$ で与えられる．

3.10 任意の点 $a \in \mathbb{R}^n$ について, $\mathbb{R}^n - \{a\}$ は $\mathbb{R}^n$ の開集合であることを証明しなさい.

開集合に関しては, 第 2 章の問題 2.18, 2.19 と同様に, 次が成り立つ:

> **定理 3.2**
> (1) $U_1, U_2, \cdots, U_m$ を $\mathbb{R}^n$ の開集合とすると, 共通集合
> $$U_1 \cap U_2 \cap \cdots \cap U_m$$
> もまた $\mathbb{R}^n$ の開集合である. (cf. 第 2 章, 問題 2.18)
> (2) 集合 Λ の元 λ に対応して, $\mathbb{R}^n$ の開集合族 $\{U_\lambda \mid \lambda \in \Lambda\}$ が与えられている. このとき, 和集合
> $$\bigcup_{\lambda \in \Lambda} U_\lambda$$
> もまた $\mathbb{R}^n$ の開集合である (cf. 第 2 章, 問題 2.19).

証明 (1) 任意の点 $x \in U_1 \cap U_2 \cap \cdots \cap U_m$ について, $x \in U_i$ で U_i は開集合であるから, 実数 $\varepsilon_i > 0$ が存在して, $N(x; \varepsilon_i) \subset U_i$ となる; $i = 1, 2, \cdots, m$. そこで,
$$\varepsilon = \min\{\varepsilon_1, \varepsilon_2, \cdots, \varepsilon_m\}$$
とすると, $\varepsilon > 0$ であり, $N(x; \varepsilon) \subset N(x; \varepsilon_i)$ が成り立つ; $i = 1, 2, \cdots, m$. よって,
$$N(x; \varepsilon) \subset U_i \quad ; i = 1, 2, \cdots, m$$
が成り立つから,
$$N(x; \varepsilon) \subset U_1 \cap U_2 \cap \cdots \cap U_m$$
が成り立つ. よって, $U_1 \cap U_2 \cap \cdots \cap U_m$ は $\mathbb{R}^n$ の開集合である.

(2) 任意の $x \in \bigcup_{\lambda \in \Lambda} U_\lambda$ に対して, ある $\mu \in \Lambda$ が存在して, $x \in U_\mu$ となる. U_μ は開集合であるから, 実数 $\varepsilon > 0$ が存在して, $N(x; \varepsilon) \subset U_\mu$ となる. すると,
$$N(x; \varepsilon) \subset U_\mu \subset \bigcup_{\lambda \in \Lambda} U_\lambda$$
が成り立つ. よって, $\bigcup_{\lambda \in \Lambda} U_\lambda$ も $\mathbb{R}^n$ の開集合である. ◆

閉集合　　部分集合 $F \subset \mathbb{R}^n$ が（$\mathbb{R}^n$ の）**閉集合** (closed set, closed subset) であるとは，その補集合 $F^c = \mathbb{R}^n - F$ が $\mathbb{R}^n$ の開集合となる場合をいう．

★ したがって，開集合の補集合は閉集合である．

例 3.2　(1) 任意の点 $a \in \mathbb{R}^n$ について，1 点集合 $\{a\}$ は閉集合である．実際，問題 3.10 より，その補集合 $\{a\}^c = \mathbb{R}^n - \{a\}$ は開集合となる．

(2) 任意の点 $a \in \mathbb{R}^n$ と任意の実数 $\varepsilon > 0$ について，a を中心とする**半径 ε の閉球**（または**閉球体**，または単に**球体**；closed n-ball, n-ball）

$$D(a; \varepsilon) = \{x \in \mathbb{R}^n \mid d(x, a) \leqq \varepsilon\}$$

は $\mathbb{R}^n$ の閉集合である．実際，その補集合は，

$$D(a; \varepsilon)^c = \{x \in \mathbb{R}^n \mid d(x, a) > \varepsilon\}$$

であり，問題 3.7 よりこれは $\mathbb{R}^n$ の開集合である．なお，

$n = 1$ のとき，$D(a; \varepsilon) = [a - \varepsilon, a + \varepsilon]$；閉区間，

$n = 2$ のとき，$D(a; \varepsilon)$ は a を中心とする半径 ε の**円盤**

である．

(3) 集合 $F = \{(x, y) \in \mathbb{R}^2 \mid y \leq x\}$ は $\mathbb{R}^2$ の閉集合である．実際，F の補集合は，問題 3.9 で示した開集合 H である．

■**問　題**

3.11 閉区間の直積 $B = [a_1, b_1] \times [a_2, b_2] \subset \mathbb{R}^2$ は $\mathbb{R}^2$ の閉集合であることを証明しなさい．

開集合に関する定理 3.2 に対応して，閉集合に関しては次が成り立つ．証明は，ド・モルガンの法則を用いて，開集合の場合に帰着させるとよい．

定理 3.3　(1) $F_1, F_2, \cdots, F_m$ を $\mathbb{R}^n$ の閉集合とすると，和集合

$$F_1 \cup F_2 \cup \cdots \cup F_m$$

もまた $\mathbb{R}^n$ の閉集合である（cf. 第 2 章，問題 2.20 (1)）．

(2) 集合 Λ の元 λ に対応して，$\mathbb{R}^n$ の閉集合族 $\{F_\lambda \mid \lambda \in \Lambda\}$ が与えられている．このとき，共通集合

$$\bigcap_{\lambda \in \Lambda} F_\lambda$$

もまた $\mathbb{R}^n$ の閉集合である（cf. 第2章，問題 2.20 (2)）．

証明 (1) ド・モルガンの法則（第1章，例題 1.4 (5)）より，

$$(F_1 \cup F_2 \cup \cdots \cup F_m)^c = F_1^c \cap F_2^c \cap \cdots \cap F_m^c$$

であり，仮定から各 F_i^c は開集合であるから，定理 3.2 (1) より $(F_1 \cup F_2 \cup \cdots \cup F_m)^c$ は $\mathbb{R}^n$ の開集合である．よって，定義より $F_1 \cup F_2 \cup \cdots \cup F_m$ は閉集合である．

(2) ド・モルガンの法則（第1章，例題 1.5 (2)）より，

$$\left(\bigcap_{\lambda \in \Lambda} F_\lambda\right)^c = \bigcup F_\lambda{}^c$$

であり，仮定から各 $F_\lambda{}^c$ は開集合である．定理 3.2 (2) より，これは開集合であり，したがって，定義より $\bigcap_{\lambda \in \Lambda} F_\lambda$ は閉集合である． ◆

例 3.3 (1) 定理 3.2 (1) は，無限個の開集合族に置き換えることはできない．実際，可算無限の開区間の族 $\left\{U_n = \left(-\dfrac{1}{n}, \dfrac{1}{n}\right) \subset \mathbb{R}^1 \mid n \in \mathbb{N}\right\}$ を考えると，その共通集合は，$\bigcap_{n \in \mathbb{N}} U_n = \{0\}$ となり，例題 3.2 (1) で見たように，1点集合は閉集合であり，開集合ではない．

(2) よって，定理 3.3 (1) も，無限個の閉集合族に置き換えることはできない．例えば，可算無限の閉区間の族 $\left\{F_n = \left[-1 + \dfrac{1}{n}, 1 - \dfrac{1}{n}\right] \subset \mathbb{R}^1 \mid n \in \mathbb{N}\right\}$ については，その和集合は，$\bigcup_{n \in \mathbb{N}} F_n = (-1, 1)$（開区間）となり，閉集合ではない．

■問題■

3.12 上の例 3.3 (1) および (2) に相当する例を2次元ユークリッド空間 $\mathbb{R}^2$ で作りなさい．

内点・外点・境界点　ユークリッド空間 $\mathbb{R}^n$ の部分集合と点の位置関係について，いくつかの新しい用語を導入する．

部分集合 $A \subset \mathbb{R}^n$ と点 $x \in \mathbb{R}^n$ について，次のように定める：

(i)　点 x が A の**内点** $\equiv \exists \varepsilon > 0 \, (N(x; \varepsilon) \subset A)$
(e)　点 x が A の**外点** $\equiv \exists \varepsilon > 0 \, (N(x; \varepsilon) \subset A^c = \mathbb{R}^n - A)$
(f)　点 x が A の**境界点** $\equiv \forall \varepsilon > 0 \, (N(x; \varepsilon) \cap A \neq \varnothing \wedge N(x; \varepsilon) \cap A^c \neq \varnothing)$

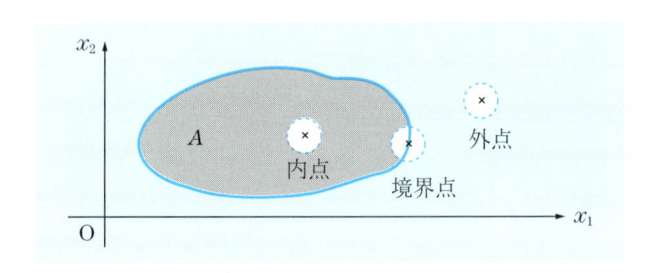

内点・外点・境界点のイメージ図

点 $x \in \mathbb{R}^n$ が部分集合 $A \subset \mathbb{R}^n$ の内点ならば，$x \in N(x; \varepsilon) \subset A$ であるから，必然的に $x \in A$ である．A の**内点**（interior point）の全体を A^i で表し，A の**内部**または**開核**（interior）という；

$$A^i = \{ x \in A \mid \exists \varepsilon > 0 \, (N(x; \varepsilon) \subset A) \} \subset A$$

点 $x \in \mathbb{R}^n$ が部分集合 $A \subset \mathbb{R}^n$ の外点ならば，$x \in N(x; \varepsilon) \subset A^c$ であるから，$x \in A^c \, (x \notin A)$ である．A の**外点**（exterior point）の全体を A^e で表し，A の**外部**（exterior）という；

$$A^e = \{ x \in A^c \mid \exists \varepsilon > 0 \, (N(x; \varepsilon) \subset A^c) \} = (A^c)^i \subset A^c$$

部分集合 $A \subset \mathbb{R}^n$ の**境界点**（frontier point, boundary point）の全体を A^f で表し，A の**境界**（frontier, boundary）という；

$$A^f = \{ x \in \mathbb{R}^n \mid \forall \varepsilon > 0 \, (N(x; \varepsilon) \cap A \neq \varnothing \wedge N(x; \varepsilon) \cap A^c \neq \varnothing) \}$$

境界点については，A に属する場合も属さない場合もあり得る．

上の定義を比べると，任意の点 $x \in \mathbb{R}^n$ は，集合 A の内点・外点・境界点

のいずれか 1 つであることがわかる；

(☆)　　$\mathbb{R}^n = A^i \cup A^e \cup A^f$；　$A^i \cap A^e = A^e \cap A^f = A^f \cap A^i = \emptyset$.

また，開集合の定義を，上で定義した「内点」という用語を用いて書き直すと次のようになる：

> **定理 3.4** 部分集合 $A \subset \mathbb{R}^n$ について，次が成り立つ：
> $$A\text{ が }\mathbb{R}^n\text{ の開集合} \quad \Leftrightarrow \quad A = A^i$$

★ 部分集合 $A \subset \mathbb{R}^n$ について，$A \supset A^i$ はいつでも成り立つから，A が $\mathbb{R}^n$ の開集合であることを示すには，$A \subset A^i$ を示せば十分であることがわかる．

内点の定義と定理 3.4 から，次の事実も容易に証明され，よく使われる．

> **定理 3.5** (1)　部分集合 $A, B \subset \mathbb{R}^n$ について，$A \subset B \Rightarrow A^i \subset B^i$.
> (2)　A の開核 A^i は $\mathbb{R}^n$ の開集合である；　$(A^i)^i = A^i$.

■ 問 題

3.13 上の定理 3.5 を証明しなさい（定義にしたがって書き上げるとよい）．

> **定理 3.6** 部分集合 $A \subset \mathbb{R}^n$ について，開核 A^i は A に含まれる最大の開集合である．したがって，外部 A^e は A^c に含まれる最大の開集合である．

証明 $B \subset \mathbb{R}^n$ が $\mathbb{R}^n$ の開集合で，$B \subset A$ ならば，$B \subset A^i$ であることを証明する．
$x \in B$ とすると，B は開集合なので，$\exists \varepsilon > 0 (N(x;\varepsilon) \subset B)$.
ところが，$B \subset A$ だから，$\exists \varepsilon > 0 (N(x;\varepsilon) \subset A)$.
これは A の内点の定義そのものであるから，$x \in A^i$. よって，$B \subset A^i$. ◆

■ 問 題

3.14 任意の部分集合 $A \subset \mathbb{R}^n$ について，その境界 A^f は $\mathbb{R}^n$ の閉集合であることを証明しなさい．

例題 3.4

任意の部分集合 $A, B \subset \mathbb{R}^n$ について，次が成り立つ：
$$(A \cap B)^i = A^i \cap B^i$$

証明 （$(A \cap B)^i \supset A^i \cap B^i$ の証明） $A^i \subset A, B^i \subset B$ であるから，$A^i \cap B^i \subset A \cap B$．定理 3.2 (1) と定理 3.5 (2) より，$A^i \cap B^i$ は開集合である．一方，$(A \cap B)^i$ は $A \cap B$ に含まれる最大の開集合である（定理 3.6）．よって，$(A \cap B)^i \supset A^i \cap B^i$．
（$(A \cap B)^i \subset A^i \cap B^i$ の証明） A^i は A に含まれる最大の開集合で（定理 3.6），$A \cap B \subset A$ であるから，$(A \cap B)^i \subset A^i$．まったく同様にして，$(A \cap B)^i \subset B^i$．したがって，$(A \cap B)^i \subset A^i \cap B^i$． ◆

★ $\mathbb{R}^1$ において，$A = (-1, 0], B = (0, 1)$ とすると，$(A \cup B)^i = (-1, 1)$, $A^i \cup B^i = (-1, 0) \cup (0, 1)$ であるから，$(A \cup B)^i \neq A^i \cup B^i$ である．

一般に，部分集合 $A, B \subset \mathbb{R}^n$ について，$(A \cup B)^i \supset A^i \cup B^i$ が成り立つ．

例題 3.5

半開区間 $A = [0, 1) \subset \mathbb{R}^1$ については，次のようになる：

(1) $A^i = (0, 1)$ (2) $A^e = (-\infty, 0) \cup (1, \infty)$
(3) $A^f = \{0, 1\}$

証明 (1) $(0, 1) \subset A$ で開区間 $(0, 1)$ は開集合だから，上の定理 3.6 より，$(0, 1) \subset A^i$ である．

次に，$x \in A^i$ とすると，
$$\exists \varepsilon > 0 \, (N(x; \varepsilon) = (x - \varepsilon, x + \varepsilon) \subset A).$$

したがって，$\qquad 0 \leq x - \varepsilon, \quad x + \varepsilon < 1.$
$\varepsilon > 0$ より，$\qquad 0 < x, \quad x < 1.$

結局，$x \in (0, 1)$ が結論されるから，$A^i \subset (0, 1)$ でもある．

(2) $A^c = (-\infty, 0) \cup [1, \infty)$ であるから，$(-\infty, 0) \cup (1, \infty) \subset A^c$ で 2 つの開区間の和集合 $(-\infty, 0) \cup (1, \infty)$ は開集合であるから，定理 3.6 より，
$$A^e \supset (-\infty, 0) \cup (1, \infty).$$

次に，$x \in A^e$ とすると，

$$\exists \varepsilon > 0 \, (N(x;\varepsilon) = (x-\varepsilon, x+\varepsilon) \subset A^c = (-\infty, 0) \cup [1, \infty)).$$

したがって, $\qquad x + \varepsilon < 0$ または $1 \leqq x - \varepsilon$.
$\varepsilon > 0$ より, $\qquad x < 0$ または $1 < x$.
よって, $x \in (-\infty, 0) \cup (1, \infty)$ が結論されるから,

$$A^e \subset (-\infty, 0) \cup (1, \infty).$$

(3) (1) と (2), および 89 ページの (☆) より, 結論される. ◆

■問 題■

3.15 上の例題 3.5 (3) において, 2 点 0 と 1 が実際に $[0, 1)$ の境界点であることを, 直接証明しなさい.

例題 3.6

有理数の全体 $\mathbb{Q} \subset \mathbb{R}^1$ については, 次のようになる:
(1) $\mathbb{Q}^i = \varnothing$ (2) $\mathbb{Q}^e = \varnothing$ (3) $\mathbb{Q}^f = \mathbb{R}^1$

[証明] 任意の点 $x \in \mathbb{R}^1$ と任意の $\varepsilon > 0$ について, $N(x;\varepsilon) = (x-\varepsilon, x+\varepsilon)$ (開区間) であるが, この開区間は有理数も無理数も含む (有理数の稠密性);

$$N(x;\varepsilon) \cap \mathbb{Q} \neq \varnothing, \quad N(x;\varepsilon) \cap \mathbb{Q}^c \neq \varnothing$$

よって, x は $\mathbb{Q}$ の境界点である; $\mathbb{Q}^f = \mathbb{R}^1$. ◆

触点・集積点・孤立点 ユークリッド空間 $\mathbb{R}^n$ の部分集合と点の位置関係について, さらにいくつかの新しい用語を導入する.

部分集合 $A \subset \mathbb{R}^n$ と点 $x \in \mathbb{R}^n$ について, 次のように定める:

(イ) 点 x が A の**触点** $\equiv \forall \varepsilon > 0 \, (N(x;\varepsilon) \cap A \neq \varnothing)$
(ロ) 点 x が A の**集積点** $\equiv \forall \varepsilon > 0 \, (N(x;\varepsilon) \cap (A - \{x\}) \neq \varnothing)$
(ハ) 点 x が A の**孤立点** $\equiv \exists \varepsilon > 0 \, (N(x;\varepsilon) \cap A = \{x\})$

この定義から, A の点はすべて A の触点であることがわかる. 88 ページの内点・外点・境界点の定義と比較してみると, x が A の触点であることと, x が A の内点または境界点であることと同じである. A の**触点** (adherent point) の全体を A^a で表し，A の**閉包**（closure）という；

$$A^a = \{x \in \mathbb{R}^n \mid \forall \varepsilon > 0\, (N(x;\varepsilon) \cap A \neq \varnothing)\} = A^i \cup A^f \supset A$$

部分集合 A の**集積点**（accumulation point）の全体の集合を A の**導集合**（derived set）といい，A^d で表す．上の定義から，点 $x \in \mathbb{R}^n$ が $x \notin A$ である場合には，x が A の触点であることと集積点であることは同等であり，$A - A^d$ の点が A の**孤立点**（isolated point）であり，$A^a = A^d \cup \{A$ の孤立点$\}$ が成り立つこともわかる．

定理 3.7 部分集合 $A \subset \mathbb{R}^n$ について，次が成り立つ：
(1) A の閉包 A^a は A を含む $\mathbb{R}^n$ の最小の閉集合である．
(2) A が $\mathbb{R}^n$ の閉集合 $\Leftrightarrow$ $A = A^a$
(3) $A^a = (A^a)^a$

証明 (1) まず，A^a が $\mathbb{R}^n$ の閉集合であることを示す．$(A^a)^c = \mathbb{R}^n - A^a = \mathbb{R}^n - (A^i \cup A^f) = A^e$ で，A^e は $\mathbb{R}^n$ の開集合であるから (定理 3.5)，A^a は $\mathbb{R}^n$ の閉集合である．

次に A^a の最小性を示す．つまり，$B \subset \mathbb{R}^n$ が $\mathbb{R}^n$ の閉集合で，$B \supset A$ ならば，$B \supset A^a$ であることを証明する．そのためには，$B^c \subset (A^a)^c$ を示せば十分である．$x \in B^c$ とすると，B^c は開集合なので，

$$\exists \varepsilon > 0\, (N(x;\varepsilon) \subset B^c)$$

ところが，$B \supset A$ だから，$B^c \subset A^c$ が成り立つので，

$$\exists \varepsilon > 0\, (N(x;\varepsilon) \subset A^c)$$

これは A の外点の定義そのものであるから，$x \in A^e = (A^a)^c$．

(2) ($\Rightarrow$) A が閉集合ならば，上の (1) の A^a の最小性より，$A \supset A^a$ である．一般に $A \subset A^a$ であるから，$A = A^a$．

($\Leftarrow$) 上の (1) より，A^a は $\mathbb{R}^n$ の閉集合である．

(3) は上の (2) から直ちにわかる． ◆

★ この結果，部分集合 $A \subset \mathbb{R}^n$ が閉集合であることを示すためには，「$A \supset A^a$」が成立することを示せば十分である．実際，閉集合の定義の前に閉包を定義し，閉包を使って，「$A = A^a$ が成り立つとき，A を閉集合という」と定める場合も多い．

■問題

3.16 部分集合 $A, B \subset \mathbb{R}^n$ について，次が成り立つことを証明しなさい：
$$A \subset B \quad \Rightarrow \quad A^a \subset B^a, A^d \subset B^d$$

例題 3.7

任意の部分集合 $A, B \subset \mathbb{R}^n$ について，次が成り立つ：
 (1) $(A \cup B)^a = A^a \cup B^a$ (2) $(A \cup B)^d = A^d \cup B^d$

証明 (1) $(A \cup B)^a \supset A^a, (A \cup B)^a \supset B^a$ が成り立つので（問題 3.16），$(A \cup B)^a \supset A^a \cup B^a$ が成り立つ．

一般に，$A \subset A^a, B \subset B^a$ だから，
$$A \cup B \subset A^a \cup B^a$$

が成り立ち，$A^a \cup B^a$ は閉集合である（定理 3.3 (1) と定理 3.7）．ところが定理 3.7 (1) より，$(A \cup B)^a$ は $A \cup B$ を含む最小の閉集合であるから，$(A \cup B)^a \subset A^a \cup B^a$ が成り立つ．先の包含関係と合わせて，$(A \cup B)^a = A^a \cup B^a$ が成り立つ．

(2) $(A \cup B)^d \supset A^d, (A \cup B)^d \supset B^d$ が成り立つので（問題 3.16），
$$(A \cup B)^d \supset A^d \cup B^d$$

が成り立つ．

次に，逆の包含関係 $(A \cup B)^d \subset A^d \cup B^d$ を証明する．$x \in (A \cup B)^d$ とする．
（イ）$x \notin A^d$ と仮定すると，
$$\exists \delta > 0 \, (N(x; \delta) \cap (A - x) = \emptyset).$$

ところが，$x \in (A \cup B)^d$ だから，$\forall \varepsilon > 0, 0 < \varepsilon < \delta$, に対して，
$$N(x; \varepsilon) \cap (A \cup B - x) \neq \emptyset, \quad N(x; \varepsilon) \cap (A - \{x\}) = \emptyset$$

が成り立つ．したがって，
$$N(x; \varepsilon) \cap (B - \{x\}) \neq \emptyset$$

が成り立つ．ゆえに，$x \subset B^d$ である．
（ロ）$x \notin B^d$ と仮定すると，（イ）と全く同様にして，$x \in A^d$ が結論される．
（イ）と（ロ）より，$x \in A^d \cup B^d$ となるから，$(A \cup B)^d \subset A^d \cup B^d$ でもある．先の包含関係と合わせて，$(A \cup B)^d = A^d \cup B^d$ が証明された． ◆

部分集合 $A \subset \mathbb{R}^n \, (A \neq \emptyset)$ と点 $x \in \mathbb{R}^n$ について,x と A の距離 (distance) を

$$\mathrm{dist}\,(x, A) = \inf \{d(x, a) \mid a \in A\}$$

と定義する.$d(x, a) \geq 0$ だから,$\mathrm{dist}\,(x, A) \geq 0$ である.

例題 3.8

部分集合 $A \subset \mathbb{R}^n \, (A \neq \emptyset)$ と点 $x, y \in \mathbb{R}^n$ について,次が成り立つ:
(1) $|\mathrm{dist}\,(x, A) - \mathrm{dist}\,(y, A)| \leq d(x, y)$
(2) $x \in A^a \quad \Leftrightarrow \quad \mathrm{dist}\,(x, A) = 0$
(3) $x \in A^i \quad \Leftrightarrow \quad \mathrm{dist}\,(x, A^c) > 0$

証明 (1) 三角不等式により,次が成り立つ:

$$\forall a \in A : d(x, a) \leq d(x, y) + d(y, a)$$

$$\therefore \quad \mathrm{dist}\,(x, A) = \inf \{d(x, a) \mid a \in A\} \leq d(x, y) + d(y, a)$$

ゆえに,$\mathrm{dist}\,(x, A) - d(x, y)$ は集合 $\{d(y, a) \mid a \in A\}$ の1つの下界である.

$$\therefore \quad \mathrm{dist}\,(x, A) - d(x, y) \leq \mathrm{dist}\,(y, A)$$

まったく同様にして,次が得られる:

$$\mathrm{dist}\,(y, A) - d(y, x) \leq \mathrm{dist}\,(x, A)$$

よって,

$$-d(y, x) \leq \mathrm{dist}\,(x, A) - \mathrm{dist}\,(y, A) \leq d(x, y).$$

ここで,$d(x, y) = d(y, x) \geq 0$ だから,この式は次のように書き換えられる:

$$|\mathrm{dist}\,(x, A) - \mathrm{dist}\,(y, A)| \leq d(x, y)$$

(2) $\mathrm{dist}\,(x, A) = 0 \quad \Leftrightarrow \quad \forall \varepsilon > 0, \exists a \in A \, (d(x, a) < \varepsilon)$
$\Leftrightarrow \quad \forall \varepsilon > 0 \, (N(x; \varepsilon) \cap A \neq \emptyset)$
$\Leftrightarrow \quad x \in A^a$

(3) $\mathrm{dist}\,(x, A^c) > 0 \quad \Leftrightarrow \quad \exists \varepsilon > 0 \, (N(x; \varepsilon) \cap A^c = \emptyset)$
$\Leftrightarrow \quad \exists \varepsilon > 0 \, (N(x; \varepsilon) \subset A)$
$\Leftrightarrow \quad x \in A^i \quad \blacklozenge$

3.3 $\mathbb{R}^n$ 上の連続関数

第 2 章の定理 2.16 に倣って，$\mathbb{R}^n$ 上で定義される関数の連続性を定義する．部分集合 $X \subset \mathbb{R}^n$ について，関数 $f : X \to \mathbb{R}^m$ が点 $a \in X$ で**連続** (continuous) であることを，次が成り立つことと定義する：

(*) $\quad \forall \varepsilon > 0, \exists \delta > 0 \, (\forall x \in X, \|x - a\| < \delta \Rightarrow \|f(x) - f(a)\| < \varepsilon)$

ここで，$\|x - a\|$ のノルムは $\mathbb{R}^n$ でのノルムであり，$\|f(x) - f(a)\|$ のノルムは $\mathbb{R}^m$ におけるノルムであることに注意する．条件 $\|x - a\| < \delta$ は $d(x, a) < \delta$，$\|f(x) - f(a)\| < \varepsilon$ は $d(f(x), f(a)) < \varepsilon$ としても同じである．すると，上の ε-δ 論法による定義は，近傍を使って次のように言い換えることができる：

(*) $\quad\quad\quad \forall \varepsilon > 0, \exists \delta > 0 \, (f(N(a; \delta)) \subset N(f(a); \varepsilon))$

関数 $f : X \to \mathbb{R}^m$ がすべての点 $a \in X$ で連続であるとき，f は X で**連続**である，あるいは X 上の**連続関数** (continuous function) であるという．

例題 3.9

関数 $f : \mathbb{R}^n \to \mathbb{R}^n$；$f(x) = 2x$ は $\mathbb{R}^n$ 上の連続関数である．

証明 任意の点 $a \in \mathbb{R}^n$ と任意の $\varepsilon > 0$ に対して，$\delta = \varepsilon/2$ とする．このとき，$d(x, a) < \delta$ ならば，

$$d(f(x), f(a)) = d(2x, 2a) = \|2x - 2a\| = 2\|x - a\| = 2d(x, a) < 2\delta = \varepsilon$$

となるので，f は a で連続である．◆

■問 題

3.17 関数 $f : \mathbb{R}^n \to \mathbb{R}^m$ と関数 $g : \mathbb{R}^n \to \mathbb{R}^m$ が点 $a \in \mathbb{R}^n$ で連続ならば，次の関数も点 $a \in \mathbb{R}^n$ で連続であることを証明しなさい．
(1) $f + g : \mathbb{R}^n \to \mathbb{R}^m$；$(f + g)(x) = f(x) + g(x)$
(2) $cf : \mathbb{R}^n \to \mathbb{R}^m$；$(cf)(x) = cf(x), c \in \mathbb{R}$（定数）

ヒント 第 2 章の問題 2.15 と同様にして証明される．

---例題 3.10---

写像 $p_i : \mathbb{R}^n \to \mathbb{R}^1 (i = 1, 2, \cdots, n)$ を次のように定義する．

$$a = (a_1, a_2, \cdots, a_i, \cdots, a_n) \in \mathbb{R}^n について，p_i(a) = a_i$$

このとき，p_i は $\mathbb{R}^n$ 上の連続関数である．

[証明] 任意の点 a と任意の $\varepsilon > 0$ に対して，$\delta = \varepsilon$ とする．このとき，点 $x = (x_1, x_2, \cdots, x_i, \cdots, x_n) \in \mathbb{R}^n$ について，$d(a, x) < \delta$ ならば，

$$|p_i(x) - p_i(a)| = |x_i - a_i| \leq \sqrt{\sum (x_i - a_i)^2} = d(x, a) < \delta = \varepsilon$$

となるので，p_i は a で連続である．a は任意だから，f は連続関数である．◆

★ p_i を，第 i 座標（または，第 i 因子）への（自然な）射影（projection）という．

■問 題■

3.18 関数 $f : \mathbb{R}^n \to \mathbb{R}^m$ が $\mathbb{R}^n$ で連続，関数 $g : \mathbb{R}^m \to \mathbb{R}^k$ が $\mathbb{R}^m$ で連続ならば，合成関数 $g \circ f : \mathbb{R}^n \to \mathbb{R}^k$ も $\mathbb{R}^n$ で連続であることを証明しなさい．
[ヒント] 第 2 章の例題 2.18 と同様にして証明される．

---例題 3.11---

1 点 $b \in \mathbb{R}^n$ を定めたとき，写像 $f : \mathbb{R}^n \to \mathbb{R}^1$ を $f(x) = \langle b, x \rangle$（内積）と定義すると，$f$ は $\mathbb{R}^n$ 上の連続関数である．

[証明] 点 b が原点，つまり，零ベクトルの場合は，任意の $x \in \mathbb{R}^n$ について $f(x) = 0$ だから，f は 0 に値をとる定値写像である．一般に定値写像は連続であるから，f は $\mathbb{R}^n$ で連続である．

次に，b が零ベクトルではないとする．任意の点 $a \in \mathbb{R}^n$ と任意の $\varepsilon > 0$ に対して，$x \in \mathbb{R}^n$ ならば，

$$d(f(x), f(a)) = d(\langle b, x \rangle, \langle b, a \rangle) = |\langle b, x \rangle - \langle b, a \rangle|$$
$$= |\langle b, x - a \rangle| \leq \|b\| \|x - a\|$$

だから，$\delta = \varepsilon / 2\|b\|$ すると，

$$\|x - a\| < \delta \;\Rightarrow\; d(f(x), f(a)) \leq \varepsilon/2 < \varepsilon$$

が成り立つので，f は a で連続である．a は任意だから，f は連続関数である．◆

3.3 $\mathbb{R}^n$ 上の連続関数

■ 問　題

3.19 部分集合 $A \subset \mathbb{R}^n (A \neq \emptyset)$ に関して，次のように定義される関数 f は $\mathbb{R}^n$ 上の連続関数であることを証明しなさい．
$$f : \mathbb{R}^n \to \mathbb{R}^1; \quad f(x) = \mathrm{dist}\,(x, A)$$

例題 3.12

関数 $f : \mathbb{R}^n \to \mathbb{R}^m$ について，f と（例題 3.10 で示した）$\mathbb{R}^n$ の第 i 座標（または，第 i 因子）への射影 $p_i : \mathbb{R}^m \to \mathbb{R}^1$ の合成写像を f_i で表す；$f_i = p_i \circ f : \mathbb{R}^n \to \mathbb{R}^1 \quad (i = 1, 2, \cdots, m)$. 次が成り立つ：

$$\text{関数 } f : \mathbb{R}^n \to \mathbb{R}^m \text{ が連続}$$
$$\Leftrightarrow \text{関数 } f_1, f_2, \cdots, f_m : \mathbb{R}^n \to \mathbb{R}^1 \text{ がすべて連続}$$

★ 写像 $f_i : \mathbb{R}^n \to \mathbb{R}^1 (i = 1, 2, \cdots, m)$ は，$x \in \mathbb{R}^n$ に対し，
$$f(x) = (y_1, y_2, \cdots, y_i, \cdots, y_m) = (f_1(x), f_2(x), \cdots, f_i(x), \cdots, f_m(x)) \in \mathbb{R}^m$$
とするとき，$f_i(x) = y_i$ によって定まる写像である．

<u>証明</u>　($\Rightarrow$) f が連続で，例題 3.10 より射影 $p_i\,(i = 1, 2, \cdots, m)$ も連続であるから，問題 3.18 によって，合成写像 f_i もまた連続である．
($\Leftarrow$) 任意の点 $a \in \mathbb{R}^n$ において，各 f_i が連続であるから，

$$\forall \varepsilon > 0, \exists \delta_i > 0 \,(\forall x \in \mathbb{R}^n, \|x - a\| < \delta_i \Rightarrow |f_i(x) - f_i(a)| < \varepsilon/m)$$

が成り立つ．そこで，$\delta = \min\{\delta_1, \delta_2, \cdots, \delta_m\}$ とおけば，$\delta > 0$ で，

$$\|x - a\| < \delta \Rightarrow |f_i(x) - f_i(a)| < \varepsilon/m$$

がすべての $i\,(i = 1, 2, \cdots, m)$ について成り立つ．したがって，例題 3.1 より，$\|x - a\| < \delta$ ならば，次が成り立つ：

$$\|f(x) - f(a)\| \leq |f_1(x) - f_1(a)| + |f_2(x) - f_2(a)| + \cdots + |f_m(x) - f_m(a)|$$
$$< \varepsilon/m + \varepsilon/m + \cdots + \varepsilon/m = \varepsilon$$

これは，f が点 a で連続であることを示している．　◆

次の定理は，第 2 章の例題 2.19 と例題 2.20 に対応する．

> **定理 3.8** 関数 $f:\mathbb{R}^n \to \mathbb{R}^m$ について，次の 3 条件は同値である：
> (1) f は $\mathbb{R}^n$ 上の連続関数である．
> (2) $\mathbb{R}^m$ の任意の開集合 U について，f による U の逆像 $f^{-1}(U)$ は常に $\mathbb{R}^n$ の開集合である．
> (3) $\mathbb{R}^m$ の任意の閉集合 F について，f による F の逆像 $f^{-1}(F)$ は常に $\mathbb{R}^n$ の閉集合である．

証明 $((1) \Rightarrow (2))$ 任意の $a \in f^{-1}(U)$ について，$f(a) \in U$ である．U は $\mathbb{R}^m$ の開集合であるから，

$$\exists \varepsilon > 0 \, (N(f(a); \varepsilon) \subset U)$$

が成り立つ．条件 (1) から，f は点 a で連続であるから，この ε に対して

$$\exists \delta > 0 \, (f(N(a; \delta)) \subset N(f(a); \varepsilon)))$$

が成り立つ．よって，$f(N(a; \delta)) \subset U$ となる．したがって，$N(a; \delta) \subset f^{-1}(U)$ である．ゆえに，$f^{-1}(U)$ は $\mathbb{R}^n$ の開集合である．

$((2) \Rightarrow (1))$ 任意の点 $a \in \mathbb{R}^n$ と任意の $\varepsilon > 0$ に対して，点 $f(a)$ の ε-近傍 $N(f(a); \varepsilon)$ は例題 3.2 により $\mathbb{R}^m$ の開集合である．条件 (2) から，逆像 $f^{-1}(N(f(a); \varepsilon))$ は $\mathbb{R}^n$ の開集合であり，点 a を含んでいる．よって，次が成り立つ：

$$\exists \delta > 0 \, (N(a; \delta) \subset f^{-1}(N(f(a); \varepsilon))). \quad \therefore \quad f(N(a; \delta)) \subset N(f(a); \varepsilon)$$

よって，f は任意の点 $a \in \mathbb{R}^n$ において連続である．

$((2) \Rightarrow (3))$ $\mathbb{R}^m$ の任意の閉集合 F について，第 1 章の例題 1.8(5) より，

$$(f^{-1}(F))^c = f^{-1}(F^c)$$

が成り立つ．いま F^c は $\mathbb{R}^m$ の開集合であるから，条件 (2) より，$f^{-1}(F^c)$ は $\mathbb{R}^n$ の開集合である．よって，$f^{-1}(F)$ は $\mathbb{R}^n$ の閉集合である．

$((3) \Rightarrow (2))$ $\mathbb{R}^m$ の任意の開集合 U について，第 1 章の例題 1.8(5) より

$$(f^{-1}(U))^c = f^{-1}(U^c)$$

が成り立つ．いま U^c は $\mathbb{R}^m$ の閉集合であるから，条件 (3) より，$f^{-1}(U^c)$ は $\mathbb{R}^n$ の閉集合である．よって，$f^{-1}(U)$ は $\mathbb{R}^n$ の開集合である． ◆

3.4 コンパクト性

$\mathbb{R}^n$ の点列　第 2 章の数列の項で,一般の点列を定義し,実数列について考察した.ここでは一般のユークリッド空間における点列について考察する.

自然数全体の集合 $\mathbb{N}$ から集合 $X \subset \mathbb{R}^n$ への写像 $x : \mathbb{N} \to X$ を X の点列といい,通常,像 $x(i)$ を x_i で表し,点列を $[x_i]_{i \in \mathbb{N}}$,あるいは点列 $[x_i]$ と略記する.

順序を保つ写像 $\iota : \mathbb{N} \to \mathbb{N}$ について,合成写像 $x \circ \iota : \mathbb{N} \to X$ を点列 x の部分列といい,$[x_{\iota(i)}]_{i \in \mathbb{N}}$,または部分列 $[x_{\iota(i)}]$ などで示す.

X の点列 $[x_i]$ が点 $\alpha \in \mathbb{R}^n$ に**収束**するとは,

$$\forall \varepsilon > 0, \exists N \in \mathbb{N} (\forall k \in \mathbb{N}, k \geq N \Rightarrow \|x_k - \alpha\| < \varepsilon)$$

が成立する場合をいい,α をこの点列の**極限** (limit) または**極限点** (limit point) といい,次のように表す:

$$\alpha = \lim_{i \to \infty} x_i \quad \text{または} \quad x_i \to \alpha \quad (i \to \infty)$$

この収束の定義は,ε-近傍を使って次のように書き換えることができる:

$$\forall \varepsilon > 0, \exists N \in \mathbb{N} (\forall k \in \mathbb{N}, k \geq N \Rightarrow x_k \in N(\alpha; \varepsilon))$$

これらの定義からわかるように,第 2 章の実数列についての性質は,(もし必要ならば,適当な変更をすることによって) ほとんどそのまま成立する.

■問題

3.20　(1) $X \subset \mathbb{R}^n$ の点列 $[x_i]$ が収束するとき,極限点は一意的であることを証明しなさい.

　　ヒント　第 2 章の定理 2.7 の証明に倣って,証明する.

(2) $X \subset \mathbb{R}^n$ の点列 $[x_i]$ が $\alpha \in \mathbb{R}^n$ に収束するならば,任意の部分列 $[x_{\iota(i)}]$ もまた α に収束することを証明しなさい.

　　ヒント　第 2 章の問題 2.6 と本質的に同じ証明である.

■問題

3.21 $X \subset \mathbb{R}^n$ の点列 (x_i) に対して，正の実数 M が存在して，
$$\forall i \in \mathbb{N}(\|x_i\| \leq M)$$
が成り立つとき，点列 (x_i) は**有界** (bounded) であるという．

点列 (x_i) が収束するならば，有界であることを証明しなさい．

例題 3.13

$(x_i)_{i \in \mathbb{N}}$ を $\mathbb{R}^n$ の点列とし，$f : \mathbb{R}^n \to \mathbb{R}^m$ を連続関数とすると，次が成り立つ：
$$x_i \to \alpha \, (i \to \infty) \quad \Rightarrow \quad f(x_i) \to f(\alpha) \, (i \to \infty)$$

証明 関数 f が α で連続であるから，
$$\forall \varepsilon > 0, \exists \delta > 0 \, (f(N(\alpha; \delta)) \subset N(f(\alpha); \varepsilon))$$
が成り立つ．$x_i \to \alpha \, (i \to \infty)$ より，この δ に対して，
$$\exists N \in \mathbb{N} \, (\forall k \in \mathbb{N}, k \geq N \Rightarrow x_k \in N(\alpha; \delta))$$
が成り立つ．よって，$k \geq N \Rightarrow f(x_k) \in N(f(\alpha); \varepsilon)$ が成立する．これは，$f(x_i) \to f(\alpha) \, (i \to \infty)$ を示している． ◆

ここで，点列を議論する際によく使われる性質を挙げておく．

部分集合 $A \subset \mathbb{R}^n$ に対して，
$$A^\wedge = \{x \in \mathbb{R}^n \mid \exists 点列 (x_i) \, (x_i \in A, x_i \neq x, x_i \to x \, (i \to \infty))\}$$
とする．つまり，$A^\wedge$ は，A の点列の極限点となる点全体の集合である．

例題 3.14

部分集合 $A \subset \mathbb{R}^n$ について，次が成り立つ：
$$A^\wedge = A^d$$

証明 ($A^\wedge \subset A^d$ の証明) $x \in A^\wedge$ とすると，上の定義より，A の点列 (x_i) で，点 x に収束するものが存在する．したがって，収束の定義より，
$$\forall \varepsilon > 0, \exists N \in \mathbb{N} \, (\forall k \in \mathbb{N}, k \geq N \Rightarrow x_k \in N(x, \varepsilon))$$

が成り立つ．$x_i \in A \, (i \in \mathbb{N})$ であったので，$N(x;\varepsilon) \cap (A - \{x\}) \neq \emptyset$ である．よって，$x \in A^d$ が成り立つ．

($A^\wedge \supset A^d$ の証明)　$x \in A^d$ とすると，A^d の定義より，次が成り立つ：
$$\forall i \in \mathbb{N} \, (N(x; 1/i) \cap (A - \{x\}) \neq \emptyset)$$

そこで，各 $i \in \mathbb{N}$ に対して，点 $x_i \in N(x; 1/i) \cap (A - \{x\})$ を選ぶことができる；これで A の点列 $[x_i]$ が得られた．任意の $\varepsilon > 0$ に対して，十分に大きな $N \in \mathbb{N}$ を，$\varepsilon > 1/N$ となるように選ぶ．すると，$k \in \mathbb{N}, k \geqq N$ について，$|x_k - x| < 1/k \leqq 1/N < \varepsilon$ が成り立つので，点列 $[x_i]$ は点 x に収束する．よって，$x \in A^\wedge$ である．　◆

★　上で導入した集合 $A^\wedge$ は，いわば A の「極限点集合」とでもいうべきものであるが，この定理により A の導集合 A^d と一致するので，今後は使用しない．

系 3.1　部分集合 $A \subset \mathbb{R}^n$ の点列 $[x_i]$ が点 $\alpha \in \mathbb{R}^n$ に収束するとき，次が成り立つ：

　　(1)　$\alpha \in A^a$　　(2)　A が閉集合 $\Rightarrow \alpha \in A$

点列コンパクト集合　部分集合 $A \subset \mathbb{R}^n$ が**点列コンパクト**（sequentially compact）であるとは，A の任意の点列が必ず A の点に収束する部分列をもつ場合をいう．

例 3.4　$\mathbb{R}^1$ は点列コンパクトではない．実際，$x_i = i \, (i \in \mathbb{N})$ として得られる $\mathbb{R}^1$ の点列は，どの部分列も収束しない．同様にして，一般に $\mathbb{R}^n$ が点列コンパクトでないこともわかる．

---**例題 3.15**---

閉区間 $[a, b]$ は点列コンパクトである．

[証明]　$[x_i]$ を $[a, b]$ の点列とする．区間 $[a, (a+b)/2]$ と区間 $[(a+b)/2, b]$ のうちで $[x_i]$ の（無限の）部分列を含む方を $A_1 = [a_1, b_1]$ とし，A_1 から部分列の項を 1 つ選んで $x_{\iota(1)}$ とする．次に，区間 $[a_1, (a_1+b_1)/2]$ と区間 $[(a_1+b_1)/2, b_1]$

のうちで $[x_i]$ の部分列を含む方を $A_2 = [a_2, b_2]$ とし，A_2 から部分列の 1 項 $x_{\iota(2)}$ を $\iota(1) < \iota(2)$ となるように選ぶ．この操作を反復することにより，閉区間の列

$$A_1 \supset A_2 \supset \cdots \supset A_i \supset A_{i+1} \supset \cdots,$$
$$\lim_{i \to \infty}(b_i - a_i) = 0$$

を得る．カントールの区間縮小定理（実数の連続性に関する公理 [IV]）により，

$$\exists ! \alpha \in \bigcap_{i \in \mathbb{N}} A_i$$

このとき，$d(x_{\iota(i)}, \alpha) \leqq (b_i - a_i) = (1/2)^i (b - a)$ となるので，$x_{\iota(k)} \to \alpha \, (i \to \infty)$ である．これで，$\alpha \in [a, b]$ に収束する部分列が得られたので，閉区間 $[a, b]$ は点列コンパクトである． ◆

■問 題■

3.22 n 次元の直方体 $[a_1, b_1] \times [a_2, b_2] \times \cdots \times [a_n, b_n] \subset \mathbb{R}^n$ は点列コンパクトであることを証明しなさい．

ヒント 各区間 $[a_k, b_k]$ を 2 等分して，直方体を 2^n 個の直方体に分割し，上の例題 3.15 の証明と同じような論法で，収束する部分列を求めるとよい．

3.23 $X, Y \subset \mathbb{R}^n$ が共に点列コンパクトならば，次が成り立つことを証明しなさい：

(1) $X \cup Y$ は点列コンパクト　　(2) $X \cap Y$ は点列コンパクト

部分集合 $X \subset \mathbb{R}^n$ が**有界**（bounded）であるとは，X がある n 次元直方体に含まれる場合をいう．つまり，次が成り立つ場合である：

$$\forall k \in \{1, 2, \cdots, n\}, \exists M_k \in \mathbb{R}, \exists L_k \in \mathbb{R}$$
$$: X \subset [L_1, M_1] \times [L_2, M_2] \times \cdots \times [L_n, M_n]$$

また，部分集合 $X \subset \mathbb{R}^n$ について，

$$\mathrm{diam}\,(X) = \sup\{d(x, y) \mid x, y \in X\}$$

を X の**直径**（diameter）という．

例題 3.16

部分集合 $X \subset \mathbb{R}^n$ について,次は同値である:
(1) X は有界である.
(2) $\exists R \in \mathbb{R}\, (X \subset N(\mathrm{O}; R))$. O は $\mathbb{R}^n$ の原点.
(3) X の直径が有限の値をもつ;
$$\exists S \in \mathbb{R}\, (\mathrm{diam}\,(X) \leqq S)$$

証明 $((1) \Rightarrow (2))$ $x = (x_1, x_2, \cdots, x_n) \in X$ とすると,
$$\forall k \in \{1, 2, \cdots, n\} \quad (L_k \leqq x_k \leqq M_k)$$
であるから,
$$\|x\| = \sqrt{x_1^2 + x_2^2 + \cdots + x_n^2}$$
$$\leqq \sqrt{L_1^2 + L_2^2 + \cdots + L_n^2 + M_1^2 + M_2^2 + \cdots + M_n^2}$$
が成り立つ.この右辺を R とおけば,R は部分集合 $\{\|x\| \mid x \in X\} \subset \mathbb{R}^1$ の上界の 1 つである.よって,$X \subset N(\mathrm{O}; R)$ が成り立つ.

$((2) \Rightarrow (3))$ ある実数 R について,$X \subset N(\mathrm{O}; R)$ とすると,
$$\forall x, y \in X\, (d(x, y) \leqq 2R)$$
が成り立つ.これは,$S = 2R$ が $\{d(x, y) \mid x, y \in X\}$ の上界の 1 つであることを示している.よって,$\mathrm{diam}\,(X) \leqq S$ が成り立つ.

$((3) \Rightarrow (2))$ $\mathrm{diam}\,(X) = S$ とする.1 点 $\alpha \in X$ を選んで固定する.直径の定義より,次が成り立つ:
$$\forall x \in X\, (\|x\| \leqq \|\alpha\| + \|x - \alpha\|)$$
ところで,$\|\alpha\| + \|x - \alpha\| = \|\alpha\| + d(x, \alpha) \leqq \|\alpha\| + S$ であるから,$R = \|\alpha\| + S$ とすれば,$X \subset N(\mathrm{O}; R)$ が成り立つ.

$((2) \Rightarrow (1))$ $X \subset N(\mathrm{O}; R)$ のとき,$L_k = -R, M_k = R\, (k = 1, 2, \cdots, n)$ とおけば,$X \subset N(\mathrm{O}; R) \subset [-R, R] \times [-R, R] \times \cdots \times [-R, R]$ である. ◆

この例題によって,「有界」の性質を使用するときは,場合に応じて 3 つのいずれかを使い分けるとよい.有界という用語を使って,点列コンパクトを特徴付けることができる.それが次の定理である.

定理 3.9 部分集合 $X \subset \mathbb{R}^n$ について，次の (1) と (2) は同値である：
(1) X が点列コンパクトである．
(2) X が有界かつ閉集合である．

[証明] $((1) \Rightarrow (2))$ まず，X が有界であることを，背理法で示す．X が有界でないとすると，次が成り立つ：

$$\forall i \in \mathbb{N}, \exists x_i \in X \, (\|x_i\| \geq i)$$

こうして得た点列 $[x_i]$ のどんな部分列も有界ではなく，したがって収束しないので，X は点列コンパクトではない．よって，X は有界である．

次に，X が閉集合であることを，背理法で示す．X が閉集合でないとすると，$X \neq X^a$（定理 3.7 (2)）で一般に $X \subset X^a$ であるから，次がわかる：

$$\exists \alpha \in \mathbb{R}^n (\alpha \in X^a \land \alpha \notin X).$$

よって，次が成り立つ：

$$\forall i \in \mathbb{N} (X \cap N(\alpha; 1/i) \neq \emptyset).$$

そこで，各 $i \in \mathbb{N}$ に対して，点 $x_i \in X$ を，$d(x_i, \alpha) < 1/i$ となるように選ぶことができる．こうして得られた X の点列 $[x_i]$ は点 α に収束するから，その任意の部分列も点 α に収束する（問題 3.20 (2)）．ところで X は点列コンパクトであるから，$[x_i]$ の部分列で X の点に収束するものが存在する．ところが，$\alpha \notin X$ であったので，これは矛盾である．よって，X は閉集合である．

$((2) \Rightarrow (1))$ $[x_i]$ を X の点列とする．X は有界だから，

$$\exists L_1, L_2, \cdots, L_n, M_1, M_2, \cdots, M_n \in \mathbb{R}$$
$$: X \subset [L_1, M_1] \times [L_2, M_2] \times \cdots \times [L_n, M_n]$$

ところで，問題 3.22 により，この n 次元直方体は点列コンパクトであるから，

$$\exists 部分列 [x_{\iota(i)}],$$
$$\exists \alpha \in [L_1, M_1] \times [L_2, M_2] \times \cdots \times [L_n, M_n] \left(\lim_{i \to \infty} x_{\iota(i)} = \alpha \right)$$

いま X は閉集合だから，系 3.1 により，$\alpha \in X^a = X$ が成り立つ．よって，X は点列コンパクトである． ◆

3.4 コンパクト性

定理 3.10 部分集合 $X \subset \mathbb{R}^n$ について，$f: X \to \mathbb{R}^m$ を連続関数とする．X が点列コンパクトならば，$f(X)$ も $\mathbb{R}^m$ で点列コンパクトである．

証明 $[y_i]$ を $f(X)$ の点列とすると，次が成り立つ：

$$\forall y_i, \exists x_i \in X \, (y_i = f(x_i)).$$

X は点列コンパクトだから，点列 $[x_i]$ の部分列 $[x_{\iota(i)}]$ が存在して，ある点 $\alpha \in X$ に収束する．f は連続関数だから，例題 3.13 により，点列 $[f(x_{\iota(i)})] = [y_{\iota(i)}]$ は点 $f(\alpha) \in f(X)$ に収束する．ここで $[f(x_{\iota(i)})]$ は点列 $[y_i]$ の部分列である．よって，$f(X)$ も点列コンパクトである． ◆

次の定理は，第 2 章の定理 2.18 の一般化になっている．

定理 3.11 $X \subset \mathbb{R}^n$ を点列コンパクト集合とし，$X \neq \emptyset$ とする．$f: X \to \mathbb{R}^1$ を実数値連続関数とすると，f は X 上で最大値と最小値をもつ．

証明 上の定理 3.10 より，$f(X)$ は点列コンパクトである．よって，定理 3.9 より，$f(X)$ は $\mathbb{R}^1$ で有界である．よって，$M = \sup f(X)$ および $L = \inf f(X)$ が存在する．$M = \max f(X), L = \min f(X)$ を示せば十分である（この後は，第 2 章の定理 2.18 の証明と本質的に同じであるが，反復する）．上限の定義から，次が成り立つ：

$$\forall i \in \mathbb{N}, \exists y_i \in f(X) \, (M - y_i < 1/i)$$

$y_i \in f(X)$ だから，点 $x_i \in X$ が存在して，$f(x_i) = y_i$ となる．X は点列コンパクトだから，こうして得られた X の点列 $[x_i]$ の部分列 $[x_{\iota(i)}]$ が存在して，X のある点 α に収束する．f は連続関数だから，例題 3.13 より，次を得る：

$$\lim_{i \to \infty} f(x_{\iota(i)}) = f\left(\lim_{i \to \infty} x_{\iota(i)}\right) = f(\alpha)$$

一方，次も成り立つ：

$$M = \lim_{i \to \infty} y_i = \lim_{i \to \infty} y_{\iota(i)} = \lim_{i \to \infty} f(x_{\iota(i)}) = f(\alpha)$$

したがって，$M \in f(X)$ であり，M は X における f の最大値である．最小値に関しては，演習問題とする． ◆

コンパクト集合　$\mathbb{R}^n$ の部分集合族 $C = \{C_\lambda \mid \lambda \in \Lambda\}$ が部分集合 $A \subset \mathbb{R}^n$ の**被覆**（covering）であるとは，
$$\bigcup C = \bigcup_{\lambda \in \Lambda} C_\lambda \supset A$$
が成り立つ場合をいう．このとき，C は A を**被覆する**（cover）ともいう．

A の被覆 C の部分集合 C' が再び A の被覆であるとき，つまり，$\bigcup C' \supset A$ が成り立つとき，C' を C の**部分被覆**といい，C は部分被覆 C' をもつという．

とくに，A の被覆 C の要素 C_λ がすべて開集合であるとき，これを**開被覆**（open covering）という．

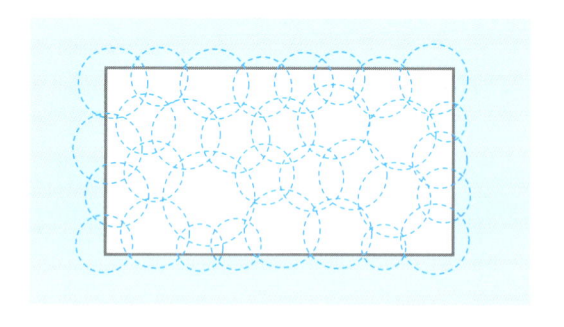

部分集合 $A \subset \mathbb{R}^n$ が**コンパクト**（compact）であるとは，A の任意の開被覆 C が有限の部分被覆をもつ場合をいう（もちろん，このような有限部分被覆は一意的とは限らない）．

例 3.5　有限個のコンパクト集合 $A_1, A_2, \cdots, A_k$ の和集合 $A = A_1 \cup A_2 \cup \cdots \cup A_k$ はコンパクトである．実際，C を A の開被覆とすると，C は各 A_i $(i=1,2,\cdots,k)$ の開被覆でもある．A_i がコンパクトだから，C の有限部分被覆 C_i が存在する．$C_0 = C_1 \cup C_2 \cup \cdots \cup C_k$ は A に対する C の有限部分被覆となる．

---**例題 3.17**---

$A \subset \mathbb{R}^n$ をコンパクト集合で，部分集合 $B \subset A$ が $\mathbb{R}^n$ の閉集合ならば，B もコンパクトである．

[証明] C を B の開被覆とする．$C^* = C \cup \{B^c\}$ とすると，B^c は開集合であるから，C^* はコンパクト集合 A の開被覆となり，C^* の有限部分被覆 C^{**} が存在する；

$$\bigcup C^{**} \supset A \supset B$$

ところで，$B^c \cap B = \varnothing$ であるから，$C^{**} - \{B^c\}$ は B に対する C の有限部分被覆である． ◆

定理 3.12（ハイネ-ボレル（Heine-Borel）の被覆定理）
任意の閉区間 $[a, b] \subset \mathbb{R}^1$ はコンパクトである．

[証明] 背理法で証明する（これまで何度か用いたカントールの区間縮小定理をここでも使用する）．C を区間 $[a, b]$ の開被覆とし，C が有限部分被覆をもたないと仮定する．このとき，$[a, b]$ を 2 等分した 2 つの閉区間 $[a, (a+b)/2]$ と $[(a+b)/2, b]$ のうちの少なくとも一方は C の有限部分被覆をもたない．有限部分被覆をもたない方を $[a_1, b_1]$ とする．同様にして，$[a_1, b_1]$ を 2 等分した 2 つの閉区間 $[a_1, (a_1+b_1)/2]$ と $[(a_1+b_1)/2, b_1]$ の少なくとも一方は C の有限部分被覆をもたない；もたない方を $[a_2, b_2]$ とする．この操作を反復することにより，C の有限部分被覆をもたない閉区間の列

$$[a_1, b_1] \supset [a_2, b_2] \supset \cdots \supset [a_i, b_i] \supset [a_{i+1}, b_{i+1}] \supset \cdots$$

が得られる．作り方から，$b_i - a_i = (1/2)^i (b - a) \to 0 \, (i \to \infty)$ となるから，カントールの区間縮小定理により，

$$\exists ! \alpha \in \bigcap_{i \in \mathbb{N}} [a_i, b_i] \subset [a, b].$$

ところで，C は $[a, b]$ の開被覆であるから，$\exists O \in C \, (O \ni \alpha)$．

開集合の定義から，$\exists \varepsilon > 0 \, ((\alpha - \varepsilon, \alpha + \varepsilon) \subset O)$．

いま，$\lim_{i \to \infty} a_i = \lim_{i \to \infty} b_i = \alpha$ であるから，この $\varepsilon > 0$ に対して，

$$\exists N \in \mathbb{N} \, (\forall k \in \mathbb{N}, k \geqq N \Rightarrow [a_k, b_k] \subset (\alpha - \varepsilon, \alpha + \varepsilon))$$

が成り立つ．よって，この閉区間 $[a_k, b_k]$ は C のただ 1 つの開集合 O によって被覆されたことになる．これは閉区間 $[a_k, b_k]$ の作り方に矛盾する．したがって，閉区間 $[a, b]$ は C の有限部分被覆をもつことになる． ◆

■問題

3.24 n 次元直方体 $[a_1, b_1] \times [a_2, b_2] \times \cdots \times [a_n, b_n] \subset \mathbb{R}^n$ はコンパクトであることを証明しなさい．

> **ヒント** 背理法で上の定理 3.12 と同じように証明する．C を直方体の開被覆とし，有限部分被覆をもたないとする．各区間 $[a_k, b_k]$ を 2 等分して，直方体を 2^n 個の直方体に分割し，上の定理の証明と同じような論法で，C の有限部分被覆をもたない直方体の列を作り，矛盾を導くとよい．

★ この問題の形の「直方体がコンパクト」であることをハイネ-ボレルの被覆定理という書物も多い．一般に，有限個のコンパクト集合 $A_1, A_2, \cdots, A_k$ の直積集合もまたコンパクトであることが証明される．

コンパクトの概念を導入したが，実は次が成り立つ：

> **定理 3.13** 部分集合 $X \subset \mathbb{R}^n$ について，次の (2) と (3) は同値である：
> (2) X が有界かつ閉集合である．
> (3) X がコンパクトである．

証明 ((2) ⇒ (3)) X が有界であるとすると，X はある n 次元直方体に含まれる；$X \subset [L_1, M_1] \times [L_2, M_2] \times \cdots \times [L_n, M_n]$．上の問題 3.24 により，この直方体はコンパクトである．よって，例題 3.17 により，X はコンパクトである．

((3) ⇒ (2)) まず，X が有界であることを示す．1 点 $x_0 \in X$ を選び，固定する．$C = \{N(x_0; k) \mid k \in \mathbb{N}\}$ は X の開被覆である．X がコンパクトであるから，C の有限部分被覆が存在する．この要素のうちで半径が最大のものを $N(x_0; m)$ とすれば，$\mathrm{diam}(X) \leqq 2m$ となる．よって，例題 3.16 により，X は有界である．

次に，X が閉集合であることを示す．定義により，X^c が開集合であることを示せばよい．任意の点 $y \in X^c$ に対して，開集合族

$$D = \{D(y; 1/k)^c \mid k \in \mathbb{N}\}$$

は X の開被覆である．X がコンパクトだから，D の有限部分被覆が存在する．この要素のうちで半径が最小のものを $D(y; 1/m)$ とすれば，$X \subset D(y; 1/m)^c$ だから，

$$X^c \supset D(y; 1/m) \supset N(y; 1/m)$$

が成り立つ．これは y が X^c の内点であることを示す．$y \in X^c$ は任意であったから，X^c は開集合であり，したがって X は閉集合である． ◆

定理 3.9 とこの定理 3.13 を合わせて，次のようにまとめることができる：

定理 3.14 部分集合 $X \subset \mathbb{R}^n$ について，次の (1), (2), (3) は同値である：
(1) X が点列コンパクトである．
(2) X が有界でかつ閉集合である．
(3) X がコンパクトである．

こうして，別々に導入した 3 つの概念は，ユークリッド空間の部分集合に関しては同値であることになった．実際には，それらの特性を生かして使い分けることになる．また，これまでに定理や例題で示した命題も，自然に言葉を入れ替えるだけで，成り立つ．代表的なものを書き出しておく．

定理 3.10* 部分集合 $X \subset \mathbb{R}^n$ について，$f: X \to \mathbb{R}^m$ を連続関数とする．X がコンパクト（または，有界閉集合）ならば，$f(X)$ もコンパクト（または，有界閉集合）である．

★ 有界な部分集合 X の連続像 $f(X)$ は有界とは限らないし，また閉集合 X の連続像 $f(X)$ は閉集合とは限らない．

定理 3.11* $X \subset \mathbb{R}^n$ をコンパクト集合（または，有界閉集合）とし，$X \neq \emptyset$ とする．X 上の連続関数 $f: X \to \mathbb{R}^1$ は X 上で最大値と最小値をもつ．

──例題 **3.17***──
$A \subset \mathbb{R}^n$ が点列コンパクト集合（有界閉集合）で，部分集合 $B \subset A$ が $\mathbb{R}^n$ の閉集合ならば，B も点列コンパクト集合（有界閉集合）である．

> **例題 3.18**
>
> $X \subset \mathbb{R}^n$ をコンパクト集合とし，$\boldsymbol{C}$ を X の開被覆とする．このとき，実数 $\delta(\boldsymbol{C}) > 0$ が存在して，次の性質を満たす：
> $$\forall A \subset X, \mathrm{diam}\,(A) < \delta(\boldsymbol{C}), \exists O \in \boldsymbol{C}\,(O \supset A)$$

[証明] X がコンパクトだから，$\boldsymbol{C}$ の有限部分被覆 $\boldsymbol{C}_0 = \{O_1, O_2, \cdots, O_k\}$ が存在する．そこで k 個の連続関数 $f_i : X \to \mathbb{R}^1\,(i = 1, 2, \cdots, k)$ を次のように定義する：

$$f_i(x) = \mathrm{dist}\,(x, O_i{}^c)$$

問題 3.19 より，各 f_i は連続関数である．そこで，連続関数 $f : X \to \mathbb{R}^1$ を，

$$f(x) = f_1(x) + f_2(x) + \cdots + f_k(x)$$

で定義する（f が連続であることは，問題 3.17(1) による）．$f_i(x) \geqq 0\,(i = 1, 2, \cdots, k)$ であり，また各点 $x \in X$ に対して $x \in O_i$ となる番号 $i \in \{1, 2, \cdots, k\}$ が少なくとも 1 つ存在し，$f_i(x) > 0$ となるから，$f(x) > 0$ である．f はコンパクト集合 X 上の実数値連続関数であるから，定理 3.11* より，最小値 $L > 0$ をもつ．

そこで，

$$\delta(\boldsymbol{C}) = L/k = \delta$$

とおく．これが命題の条件を満たすことを証明する．部分集合 $A \subset X$ が

$$\mathrm{diam}\,(A) < \delta$$

であるとする．1 点 $a \in A$ を選び，固定する．

$$f(a) = f_1(a) + f_2(a) + \cdots + f_k(a) \geqq L = k\delta$$

であり，$f_i(a) \geqq 0\,(i = 1, 2, \cdots, k)$ であるから，ある番号 $j \in \{1, 2, \cdots, k\}$ が存在して，$f_j(a) \geqq \delta$ となる．この番号 j について，

$$A \subset N(a; \delta) \subset O_j$$

が成り立つ． ◆

★ この命題は，部分集合 A の直径が $\boldsymbol{C}$ によって定まる実数 $\delta(\boldsymbol{C}) > 0$ より小さいならば，A は $\boldsymbol{C}$ の 1 つの要素で被覆されることを示している．この $\delta(\boldsymbol{C})$ を $\boldsymbol{C}$ に関する X の**ルベーグ数**（Lebesgue number）という．

3.5 連 結 性

部分集合 $X \subset \mathbb{R}^n$ に対して，次の3条件を満たす開集合 U, V が存在するとき，X は**連結でない**（disconnected）という：

(DC1) $X \subset U \cup V$
(DC2) $U \cap V = \emptyset$
(DC3) $U \cap X \neq \emptyset, \quad V \cap X \neq \emptyset$

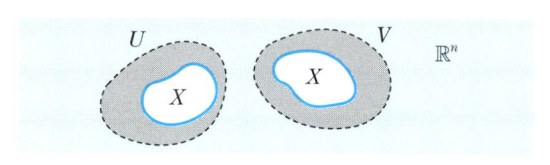

このような U と V を，X を**分離**する開集合という．

部分集合 $X \subset \mathbb{R}^n$ が**連結**（connected）であるとは，上の「連結でない」の否定が成り立つ場合をいう．ところで，「連結でない」の条件は3つあるので，否定の仕方はいくつも考えられる．例えば，

(イ) (DC1), (DC2) を満たす開集合 U, V は (DC3) を満たさない，
(ロ) (DC2), (DC3) を満たす開集合 U, V は (DC1) を満たさない，
(ハ) (DC1), (DC2), (DC3) を満たす2つの集合 U, V があれば，少なくとも一方は開集合ではない，

などがある．しかし，「連結」というのは，直観的にはつながっていることであり，「集合を分離する開集合が存在しない」というのが本質的である．そこで，改めて (イ) を取り上げて定義としておく：

(ニ) 部分集合 $X \subset \mathbb{R}^n$ が連結であるとは，次の2つの条件
 (C1) − (DC1) $X \subset U \cup V$ (C2) − (DC2) $U \cap V = \emptyset$
 を満たす開集合 $U, V \subset \mathbb{R}^n$ については，次を満たす場合をいう：
 (C3) $U \cap X = \emptyset$, または, $V \cap X = \emptyset$

---**例題 3.19**---

(1) 2点からなる集合 $\{a,b\} \subset \mathbb{R}^n$ $(a \neq b)$ は連結でない．

(2) 1点からなる集合 $\{a\} \subset \mathbb{R}^n$ は連結である．

証明 (1) $\varepsilon = d(a,b) > 0$ について $U = N(a;\varepsilon/2), V = N(b;\varepsilon/2)$ とおけば，U と V は $\mathbb{R}^n$ の開集合で（例題 1.3），(DC2) $U \cap V = \emptyset$ であり，$a \in U, b \in V$ より，

(DC1) $\{a,b\} \subset U \cup V$, (DC3) $\{a,b\} \cap U \neq \emptyset, \{a,b\} \cap V \neq \emptyset$

も成り立つ．

(2) $\mathbb{R}^n$ の開集合 U, V で，$\{a\} \subset U \cup V, U \cap V = \emptyset$ なるものを考える．$\{a\} \subset U \cup V$ より，$a \in U \cup V$ だから，$a \in U$ または $a \in V$ が成り立つ．$a \in U$ とすると $U \cap V = \emptyset$ より，$a \notin V$ であり，同様に，$a \in V$ とすると $a \notin U$ である．◆

---**例題 3.20**---

有理数の全体 $\mathbb{Q} \subset \mathbb{R}^1$ は連結でない．

証明 $\sqrt{2}$ は無理数なので，$\sqrt{2} \notin \mathbb{Q}$．ここで，$U = (-\infty, \sqrt{2}), V = (\sqrt{2}, \infty)$ とすると，これらは $\mathbb{R}^1$ の開集合である（例 2.7 (2)）．また，次が成り立つ：
$$U \cup V = \mathbb{R}^1 - \{\sqrt{2}\} \supset \mathbb{Q}, \ U \cap V = \emptyset$$
ところで， $0 \in \mathbb{Q}$ かつ $0 \in U$ であるから，$\mathbb{Q} \cap U \neq \emptyset$，
$2 \in \mathbb{Q}$ かつ $2 \in V$ であるから，$\mathbb{Q} \cap V \neq \emptyset$．
よって，U, V は $\mathbb{Q}$ を分離する開集合である．◆

■**問題**

3.25 無理数の全体 $\mathbb{Q}^c \subset \mathbb{R}^1$ は連結でないことを証明しなさい．

定理 3.15 部分集合 $A \subset \mathbb{R}^1$ について，次が成り立つ：
$$A \text{ は連結} \Leftrightarrow A \text{ は区間}$$
ただし，区間とは，
$$(a,b), \quad (a,b], \quad [a,b), \quad [a,b]$$
を意味し $a = -\infty, b = \infty$ も許すものとする．$(-\infty, \infty) = \mathbb{R}^1$ であり，$a = b$ のとき，$(a,a) = (a,a] = [a,a) = \emptyset, [a,a] = \{a\}$ とする．

3.5 連 結 性

★ 区間の定義から，A を区間とすると，次が成り立つ：

$$\forall a, b \in A, a \leq b \quad \Rightarrow \quad [a, b] \subset A$$

[証明] ($\Rightarrow$) 対偶を証明する．A が区間でないとすると，上の注意★ から，

$$\exists a, b \in A, a < b \, ([a, b] \not\subset A)$$

が成り立つ．ところが，

$$[a, b] \not\subset A \quad \Leftrightarrow \quad \exists c \in (a, b) \, (c \notin A)$$

である．$U = (-\infty, c)$, $V = (c, \infty)$ とすれば，U, V は開集合で（例 2.7 (2)），

$$U \cup V = \mathbb{R}^1 - \{c\} \supset A, \quad U \cap V = \emptyset$$

が成り立つ．また，$a \in A \cap U, b \in A \cap V$ である．したがって，U, V は A を分離する開集合である．よって，A は連結でない．

($\Leftarrow$) 背理法で証明する．連結でない区間 A があると仮定する．(例題 3.19 (2) より，$A \neq [a, a]$)．すると，A を分離する $\mathbb{R}^1$ の開集合 U, V が存在する；

(DC1) $A \subset U \cup V$, (DC2) $U \cap V = \emptyset$, (DC3) $U \cap A \neq \emptyset \neq V \cap A$

条件 (DC3) より，

$$\exists a_0 \in U \cap A, \quad \exists b_0 \in V \cap A.$$

条件 (DC2) より，$a_0 \neq b_0$ であるから，$a_0 < b_0$ と仮定してよい．再び上の注意★ より，$[a_0, b_0] \subset A$ だから，$c_0 = (a_0 + b_0)/2 \in A$ である．したがって，(DC1) より，$c_0 \in U$ か $c_0 \in V$ である．

$$c_0 \in U \text{ のとき}, a_1 = c_0, b_1 = b_0,$$
$$c_0 \in V \text{ のとき}, a_1 = a_0, b_1 = c_0$$

とする．いずれの場合も，$a_1 \in U \cap A, b_1 \in V \cap A$ であることに注意する．注意★ より，$c_1 = (a_1 + b_1)/2 \in A$ であり，また $c_1 \in U$ か $c_1 \in V$ である．上と同様に，

$$c_1 \in U \text{ のとき}, a_2 = c_1, b_2 = b_1,$$
$$c_1 \in V \text{ のとき}, a_2 = a_1, b_2 = c_1$$

とする．この操作を反復することにより，閉区間の列

$$[a_1, b_1] \supset [a_2, b_2] \supset \cdots \supset [a_i, b_i] \supset [a_{i+1}, b_{i+1}] \supset \cdots$$

が得られる．作り方から，$b_i - a_i = (1/2)^i(b-a) \to 0\,(i \to \infty)$ となるから，カントールの区間縮小定理により，

$$\exists! \alpha \in \bigcap_{i \in \mathbb{N}} [a_i, b_i] \subset [a, b] \subset A.$$

条件 (DC1) と (DC2) より，$\alpha \in U$ か $\alpha \in V$ のいずれか一方が成り立つ．

$\alpha \in U$ とすると，U は開集合だから，

$$\exists \varepsilon > 0\,((\alpha - \varepsilon, \alpha + \varepsilon) \subset U)$$

いま，$\lim\limits_{i\to\infty} a_i = \lim\limits_{i\to\infty} b_i = \alpha$ であるから，この $\varepsilon > 0$ に対して，

$$\exists N \in \mathbb{N}\,(\forall k \in \mathbb{N}, k \geq N \Rightarrow [a_k, b_k] \subset (\alpha - \varepsilon, \alpha + \varepsilon) \subset U)$$

しかし，b_i の決め方から，$b_k \in V$ であったので，これは (DC2) に矛盾する．

$\alpha \in V$ の場合も，同様にして矛盾が導かれる．

よって，区間 A は連結である． ◆

例題 3.21

部分集合 $A \subset \mathbb{R}^n$ が連結で，$A \subset B \subset A^a$ ならば，B も連結である．

証明 対偶を証明する．B が連結でないとすると，B を分離する $\mathbb{R}^n$ の開集合 U, V が存在する；

(DC1) $B \subset U \cup V$, (DC2) $U \cap V = \emptyset$, (DC3) $U \cap B \neq \emptyset \neq V \cap B$

(DC3) より，点 $x \in U \cap B$ が存在するが，$B \subset A^a$ より，$x \in A^a$ であるから，x に収束する A の点列 $[x_i]$ が存在する．U は開集合だから，

$$\exists \varepsilon > 0\,(N(x; \varepsilon) \subset U)$$

が成り立つ．$x_i \to x\,(i \to \infty)$ だから，この $\varepsilon > 0$ に対して，

$$\exists N \in \mathbb{N}\,(\forall k \in \mathbb{N}, k \geq N \Rightarrow d(x_k, x) < \varepsilon)$$

が成り立つ．このとき，$x_k \in N(x; \varepsilon) \subset U$ となるから，$x_k \in U \cap A; U \cap A \neq \emptyset$．

まったく同様にして，$V \cap A \neq \emptyset$ も示される．$A \subset B$ より，$A \subset U \cup V$ だから，U と V は A を分離する開集合でもある．よって，A は連結でない． ◆

3.5 連結性

この例題で，$B = A^a$ とすることによって，次がわかる：

系 3.2 部分集合 $A \subset \mathbb{R}^n$ が連結ならば，その閉包 A^a も連結である．

定理 3.16 $X \subset \mathbb{R}^n$ を連結な部分集合とし，$f : X \to \mathbb{R}^m$ を連続関数とすると，$f(X) \subset \mathbb{R}^m$ も連結である．

[証明] 対偶を証明する．$f(X)$ が連結でないとすると，$f(X)$ を分離する $\mathbb{R}^m$ の開集合 U, V が存在する；
(DC1) $f(X) \subset U \cup V$,
(DC2) $U \cap V = \emptyset$,
(DC3) $U \cap f(X) \neq \emptyset \neq V \cap f(X)$

開集合の連続写像に関する逆像は開集合だから（例題 2.19，定理 3.8），$f^{-1}(U)$，$f^{-1}(V)$ は $\mathbb{R}^n$ の開集合である．

$x \in X$ について，$f(x) \in f(X) \subset U \cup V$ だから，第 1 章の定理 1.3(3) と合わせて，

$$x \in f^{-1}(U \cup V) = f^{-1}(U) \cup f^{-1}(V)$$

が成り立つから，(DC1) $X \subset f^{-1}(U) \cup f^{-1}(V)$ が成り立つ．

また，$x \in f^{-1}(U) \cap f^{-1}(V)$ が存在するならば，$f(x) \in U \cap V$ となって，(DC2) に反する．したがって，$(\bar{\text{DC}}2)$ $f^{-1}(U) \cap f^{-1}(V) = \emptyset$ も成立する．

(DC3) $U \cap f(X) \neq \emptyset$ より，点 $y \in U \cap f(X)$ が存在する．$y \in f(X)$ だから，点 $x \in X$ が存在して，$f(x) = y$ となる．$f(x) \in U$ より，$x \in f^{-1}(U)$ が成り立つから，(DC3) $f^{-1}(U) \cap X \neq \emptyset$ も成り立つ．

(DC3) $V \cap f(X) \neq \emptyset$ より，まったく同様にして，(DC3) $f^{-1}(V) \cap X \neq \emptyset$ も結論される．

以上により，$f^{-1}(U)$ と $f^{-1}(V)$ は X を分離する開集合である．よって，X は連結でないことが示された． ◆

第 2 章の定理 2.17 は，閉区間上の連続関数に対する中間値の定理であった．この定理は，閉区間が連結であることが要点となっている．連結の概念が確定したところで，この定理を一般化する．

定理 3.17（中間値の定理） 部分集合 $X \subset \mathbb{R}^n$ を連結とし，$f: X \to \mathbb{R}^1$ を連続関数とする．このとき，次が成り立つ：

$$\forall \alpha, \beta \in f(X), \alpha < \beta \, ([\alpha, \beta] \subset f(X))$$

証明 上の定理 3.16 より，$f(X)$ は連結である．$f(X) \subset \mathbb{R}^1$ だから，定理 3.15 より，$f(X)$ は区間である．したがって，$\alpha, \beta \in f(X)$ で $\alpha < \beta$ ならば，$[\alpha, \beta] \subset f(X)$ が成り立つ（定理 3.15 における注意 ★ を参照のこと）． ◆

系 3.3 部分集合 $X \subset \mathbb{R}^n$ を連結とし，$f: X \to \mathbb{R}^1$ を連続関数とする．X の 2 点 a, b について，$f(a) < f(b)$ であれば，次が成立する：

$$\forall \gamma \in \mathbb{R}^1, f(a) < \gamma < f(b), \exists c \in X \, (f(c) = \gamma)$$

例題 3.22

$\{A_\lambda \mid \lambda \in \Lambda\}$ を $\mathbb{R}^n$ の連結な部分集合族とする．$\bigcap_{\lambda \in \Lambda} A_\lambda \neq \varnothing$ ならば，和集合 $A = \bigcup_{\lambda \in \Lambda} A_\lambda$ も連結である．

証明 背理法で証明する．A が連結でないとすると，A を分離する開集合 U, V が存在する；

$$A \subset U \cup V, \quad U \cap V = \varnothing, \quad U \cap A \neq \varnothing \neq V \cap A$$

1 点 $a \in \bigcap A_\lambda$ を選ぶ．$a \in A \subset U \cup V$ で，$U \cap V = \varnothing$ だから，$a \in U$ と仮定してよい．各 $\lambda \in \Lambda$ について，$a \in A_\lambda \cap U$ だから，$A_\lambda \cap U \neq \varnothing$ である．

もし，ある $\mu \in \Lambda$ について，$A_\mu \cap V \neq \varnothing$ とすると，U と V は A_μ を分離する開集合となり，A_μ の連結性に反する．よって，各 $\lambda \in \Lambda$ について，$A_\lambda \cap V = \varnothing$ である．これは，$V \cap A \neq \varnothing$ に矛盾する． ◆

部分集合 $X \subset \mathbb{R}^n$ の点 x について，x を含むような X の連結集合すべての和集合を $C(x)$ で表し，点 x を含む X の**連結成分**（connected component）という；点 x を含む連結集合の全体を $\{A_\lambda \mid \lambda \in \Lambda\}$ とすると，$C(x) = \bigcup_{\lambda \in \Lambda} A_\lambda$．$\{x\}$ は連結であるから（例題 3.19 (2)），$C(x) \neq \varnothing$ である．

例題 3.23

部分集合 $X \subset \mathbb{R}^n$ について,次が成り立つ:
(1) 点 $x \in X$ について,$C(x)$ は x を含む X の最大の連結集合である.
(2) 点 $x, y \in X$ について,$C(x) \cap C(y) \neq \emptyset \Rightarrow C(x) = C(y)$.

証明 (1) 上の例題 3.22 より,$C(x)$ は点 x を含む連結集合である.$B \subset X$ を x を含む連結集合とすると,連結成分の定義より,$B \subset C(x)$ である.

(2) $C(x) \cap C(y) \neq \emptyset$ とすると,例題 3.22 より,$C(x) \cup C(y)$ は連結である.連結成分の最大性により,$C(x) = C(x) \cup C(y) = C(y)$ である. ◆

例題 3.23 (2) から,X 上の 2 項関係 $\boldsymbol{R}$ を,
$$x\boldsymbol{R}y \equiv C(x) = C(y)$$
と定義すると,これは同値関係となる.この同値関係により,X は連結成分によって分割されることになる.

例題 3.24

有理数の全体 $\mathbb{Q} \subset \mathbb{R}^1$ において,点 $x \in \mathbb{Q}$ を含む連結成分 $C(x)$ は 1 点集合 $\{x\}$ である.

証明 相異なる任意の 2 つの有理数 p, q に対して,これらを同時に含む $\mathbb{Q}$ の部分集合 M は連結でないことを証明すれば十分である.$p < q$ と仮定してよい.すると,無理数 γ が存在して,$p < \gamma < q$ となる(無理数の稠密性).そこで,
$$U = (-\infty, \gamma), \quad V = (\gamma, \infty)$$
とおくと,これらは $\mathbb{R}^1$ の開集合で,
$$M \subset U \cup V, \quad U \cap V = \emptyset, \quad p \in U \cap M \neq \emptyset, \quad q \in V \cap M \neq \emptyset$$
が成り立つ;U と V は M を分離する.よって,M は連結でない. ◆

上の $\mathbb{Q}$ のように,各点 x の連結成分がすべて 1 点集合,つまり $C(x) = \{x\}$ であるような部分集合 $X \subset \mathbb{R}^n$ を**完全不連結** (totally disconnected) であるという.

定理 3.18 部分集合 $X \subset \mathbb{R}^n, Y \subset \mathbb{R}^m$ がともに連結ならば，直積
$$X \times Y \subset \mathbb{R}^n \times \mathbb{R}^m = \mathbb{R}^{n+m}$$
も連結である．

証明 $X \times Y$ の任意の 2 点 $a = (x_1, y_1), b = (x_2, y_2)$ について，点 a を含む連結成分 $C(a)$ と点 b を含む連結成分 $C(b)$ が一致することを示せば十分である．
写像 $f : X \to X \times Y, g : Y \to X \times Y$ を，それぞれ，次のように定義する：
$$f(z) = (z, y_1)\,(z \in X); \quad g(w) = (x_2, w)\,(w \in Y)$$
f は X と $X \times \{y_1\} \subset X \times Y$ を同一視する写像で，g は Y と $\{x_2\} \times Y \subset X \times Y$ を同一視する写像だから，明らかに連続写像である．X, Y は連結であるから，定理 3.16 によって，$f(X)$ と $g(Y)$ はともに $X \times Y$ の連結集合である．ところで，
$$f(x_1) = (x_1, y_1) = a, \quad f(x_2) = (x_2, y_1) = g(y_1), \quad g(y_2) = (x_2, y_2) = b$$
である．よって，$f(X)$ は a と点 $c = (x_2, y_1)$ を含む連結集合，$g(Y)$ は c と b を含む連結集合となるから，$X \times Y$ において，$C(a) = C(c) = C(b)$ が成り立つ．◆

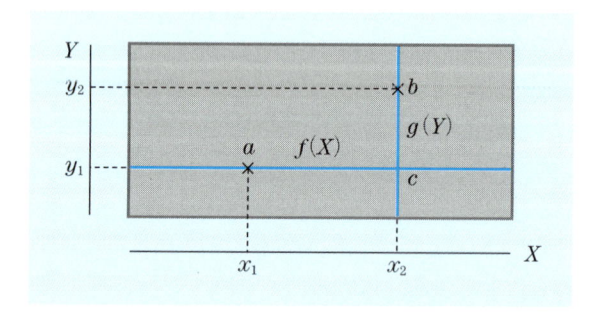

定理 3.15 で $\mathbb{R}^1$ が連結であることを証明したので，この定理と合わせて，次が得られる：

系 3.4 n 次元ユークリッド空間 $\mathbb{R}^n$ は連結である．

第4章

距離空間

　これまで学んできた n 次元ユークリッド空間 $\mathbb{R}^n$ においては，2 点 x, y の間の距離 $d^{(n)}(x, y)$ をそれらを結ぶ線分の長さで定義し，この距離を利用して，点列の収束・ε-近傍・開集合などを定義し，関数の連続の概念を導入した．ところがこの一連の議論において，距離 $d^{(n)}$ が三角不等式を満たすこと以外のことはほとんど用いていない．そこで，この距離の概念を抽象化して，一般の「距離空間」の概念を導入し，ユークリッド空間において考察した種種の概念が自然に距離空間においても意味をもつことを確かめる．

4.1 距離空間

　X を空でない集合とする．直積集合 $X \times X$ 上の実数値関数 $d : X \times X \to \mathbb{R}^1$ が次の 3 つの条件を満足するとき，これを X 上の**距離関数** (distance function, または metric) といい，対 (X, d) を**距離空間** (metric space) という：

[D1] 　$\forall x, y \in X (d(x, y) \geq 0)$ 　　　　　　　　　　　（正定値性）
　　　　とくに，$d(x, y) = 0 \Leftrightarrow x = y$．
[D2] 　$\forall x, y \in X (d(x, y) = d(y, x))$ 　　　　　　　　（対称性）
[D3] 　$\forall x, y, z \in X (d(x, z) \leq d(x, y) + d(y, z))$ 　　（三角不等式）

★ 上の 3 つの条件 [D1], [D2], [D3] をまとめて，距離の公理という．

　例 4.1 　n 次元ユークリッド空間 $(\mathbb{R}^n, d^{(n)})$ は距離空間である（第 3 章, 定理 3.1）．実際，ユークリッド空間は，距離空間のモデルである．

例 4.2 関数 $d_0 : \mathbb{R}^n \times \mathbb{R}^n \to \mathbb{R}^1$ を，$x = (x_1, x_2, \cdots, x_n)$, $y = (y_1, y_2, \cdots, y_n)$ に対し，

$$d_0(x, y) = \max\{|x_1 - y_1|, |x_2 - y_2|, \cdots, |x_n - y_n|\}$$

によって定義すれば，$(\mathbb{R}^n, d_0)$ は距離空間になる．

実際，距離の公理が成り立つことは，次のようにして確かめられる：

[D1] $\quad \forall i \in \{1, 2, \cdots, n\}(|x_i - y_i| \geq 0)$

が成り立つので，$d_0(x, y) \geq 0$ である．

$$d_0(x, y) = 0 \iff \forall i \in \{1, 2, \cdots, n\}(|x_i - y_i| = 0)$$

であるから，$\forall i \in \{1, 2, \cdots, n\}(x_i = y_i)$ が成り立ち，$x = y$ である．

[D2] $\quad d_0(x, y) = \max\{|x_1 - y_1|, |x_2 - y_2|, \cdots, |x_n - y_n|\}$
$\qquad\qquad = \max\{|y_1 - x_1|, |y_2 - x_2|, \cdots, |y_n - x_n|\} = d_0(y, x).$

[D3] $\quad x, y, z \in \mathbb{R}^n$ に対して，

$$d_0(x, z) = \max\{|x_1 - z_1|, |x_2 - z_2|, \cdots, |x_n - z_n|\}$$

だから，$\exists k \in \{1, 2, \cdots, n\}(d_0(x, z) = |x_k - z_k|)$ が成り立つ．よって，

$$d_0(x, z) = |x_k - z_k| = |x_k - y_k + y_k - z_k| \leq |x_k - y_k| + |y_k - z_k|$$
$$\leq \max\{|x_1 - y_1|, |x_2 - y_2|, \cdots, |x_n - y_n|\}$$
$$+ \max\{|y_1 - z_1|, |y_2 - z_2|, \cdots, |y_n - z_n|\}$$
$$= d_0(x, y) + d_0(y, z)$$

である．これで [D1]，[D2]，[D3] がすべて満たされたので，d_0 は $\mathbb{R}^n$ 上の距離関数である．

■問 題

4.1 関数 $d_1 : \mathbb{R}^n \times \mathbb{R}^n \to \mathbb{R}^1$ を，$x = (x_1, x_2, \cdots, x_n), y = (y_1, y_2, \cdots, y_n)$ に対して，

$$d_1(x, y) = |x_1 - y_1| + |x_2 - y_2| + \cdots + |x_n - y_n|$$

によって定義すると，$(\mathbb{R}^n, d_1)$ は距離空間であることを証明しなさい．

例 4.3 閉区間 $[a,b]$ 上の実数値連続関数の全体を，$C[a,b]$ によって表すことにする．閉区間 $[a,b]$ はハイネ-ボレルの被覆定理（定理 3.12）によりコンパクトであるから，定理 3.10^* によって $C[a,b]$ の元はすべて有界な関数である．したがって，関数
$$d: C[a,b] \times C[a,b] \to \mathbb{R}^1, \quad d(f,g) = \int_b^a |f(x) - g(x)| dx$$
が定義される．実際，$d(f,g)$ は，xy-平面上で，$y = f(x)$, $y = g(x)$ のグラフと直線 $x = a, x = b$ で囲まれた部分の面積を表している（下図参照）．

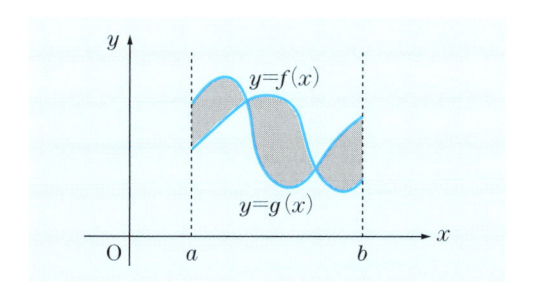

この定義より，関数 d が距離の公理 [D1] と [D2] を満たしていることは直ちに確かめられる．[D3] も満たしていることを示そう．$f, g, h \in C[a,b]$ に対して，
$$\forall x, a \leq x \leq b \quad \Rightarrow \quad |f(x) - h(x)| \leq |f(x) - g(x)| + |g(x) - h(x)|$$
が成り立つから，
$$\begin{aligned} d(f,h) &= \int_a^b |f(x) - h(x)| dx \\ &\leq \int_a^b |f(x) - g(x)| dx + \int_a^b |g(x) - h(x)| dx \\ &= d(f,g) + d(g,h) \end{aligned}$$
である．よって，d は $C[a,b]$ 上の距離関数である．

■ 問題

4.2 関数 $d_s : C[a,b] \times C[a,b] \to \mathbb{R}^1$ を，
$$d_s(f,g) = \sup\{|f(x) - g(x)| \mid a \leq x \leq b\}$$
により定義すると，$(C[a,b], d_s)$ は距離空間であることを証明しなさい．

例 4.4 X を空でない集合とする．関数 $d: X \times X \to \mathbb{R}^1$ を，
$$d(x,y) = \begin{cases} 0 & (x = y), \\ 1 & (x \neq y) \end{cases}$$
と定義すると，(X,d) は距離空間となる．実際，距離の公理 [D1] と [D2] が成り立つのは直ちに確かめられる．[D3] は，$x,y,z \in X$ について，
$$d(x,z) \leq d(x,y) + d(y,z)$$
が成り立つことを示せばよい．実際，この左辺が 0 ならば，右辺は 0 以上なので，成り立つ．左辺が 1 ならば $x \neq z$ であり，このとき $x \neq y$ か $y \neq z$ のいずれか一方は成り立つから，右辺も 1 以上になり，成り立つ．

この距離空間を**離散距離空間**（discrete metric space）という．すべての点がばらばらに離れているという特殊なものだが，どんな集合も距離空間になる簡単な例として，また極端な場合の例として，しばしば使われる．

例 4.5 (X,d) を距離空間とするとき，部分集合 $A \subset X$ に対して，
$$d_A : A \times A \to \mathbb{R}^1; \quad d_A(a,b) = d(a,b)$$
で定義される関数 d_A は自然に A 上の距離関数となる．このようにして得られた距離空間 (A, d_A) を距離空間 (X,d) の**部分距離空間**（mertic subspace）という．

例 4.6 (Y, d_Y) を距離空間とし，集合 X から Y への単射 $f: X \to Y$ が与えられたとする．このとき，
$$d_X : X \times X \to \mathbb{R}^1; \ d_X(x, x') = d_Y(f(x), f(x'))$$
で定義される関数 d_X は X 上の距離関数である．実際，次が確かめられる：

[D1]　$d_X(x, x') = d_Y(f(x), f(x')) \geqq 0$
　　　$d_X(x, x') = 0 \;\Leftrightarrow\; d_Y(f(x), f(x')) = 0$
　　　　　　　　　$\Leftrightarrow\; f(x) = f(x') \;\Leftrightarrow\; x = x'$
[D2]　$d_X(x, x') = d_Y(f(x), f(x')) = d_Y(f(x'), f(x)) = d_X(x', x)$
[D3]　$d_X(x, x'') = d_Y(f(x), f(x''))$
　　　$\leqq d_Y(f(x), f(x')) + d_Y(f(x'), f(x'')) = d_X(x, x') + d_X(x', x'')$

例 4.7 $M(n, \mathbb{R})$ を実数を成分とする n 次正方行列全体の集合とする．n 次正方行列 $M \in M(n, \mathbb{R})$ に対して，その $n \times n$ 個の成分をある一定の規則で横に並べて（たとえば，1 行目，2 行目，3 行目，$\cdots$ の順に横に並べて）$\mathbb{R}^{n \times n}$ の 1 点を対応させることにより，全単射 $f : M(n, \mathbb{R}) \to \mathbb{R}^{n \times n}$ が得られる．上の例 4.6 より，この全単射 f によって $M(n, \mathbb{R})$ は距離空間となる．n 次**直交群** $O(n)$，n 次**実一般線形群** $GL(n, \mathbb{R})$ などの $M(n, \mathbb{R})$ の部分集合は，例 4.5 の意味で，距離空間 $M(n, \mathbb{R})$ の部分距離空間となる．

例 4.8 $(X, d_X), (Y, d_Y)$ を距離空間とする．直積集合 $X \times Y$ において，関数
$$d : (X \times Y) \times (X \times Y) \to \mathbb{R}^1$$
を，$(x_1, y_1), (x_2, y_2) \in X \times Y$ に対して，
$$d((x_1, y_1), (x_2, y_2)) = \sqrt{d_X(x_1, x_2)^2 + d_Y(y_1, y_2)^2}$$
と定義すると，$(X \times Y, d)$ は距離空間となる．実際，距離の公理 [D1] と [D2] が成り立つのは明らかである．[D3] が成り立つことを確かめてみる．第 3 の点 $(x_3, y_3) \in X \times Y$ について，
$$d_X(x_1, x_3) \leqq d_X(x_1, x_2) + d_X(x_2, x_3),$$
$$d_Y(y_1, y_3) \leqq d_Y(y_1, y_2) + d_Y(y_2, y_3)$$
であるから，

$$d((x_1,y_1),(x_3,y_3))^2$$
$$\leq \{d_X(x_1,x_2)+d_X(x_2,x_3)\}^2+\{d_Y(y_1,y_2)+d_Y(y_2,y_3)\}^2$$

が成り立つ．ここで，$a_1=d_X(x_1,x_2), a_2=d_Y(y_1,y_2), b_1=d_X(x_2,x_3), b_2=d_Y(y_2,y_3)$ とおくと，後は実数の不等式の問題となり，第3章のシュワルツの不等式（補題3.1）を利用して，求める [D3] の不等式を導くことができる．

$\mathbb{R}^n$ のユークリッドの距離 $d^{(n)}$ は，絶対値で定義した $\mathbb{R}^1$ の距離 $d^{(1)}$ を利用して，これを n 個直積して作った距離であることがわかる．

次の問題に見られるように，直積集合 $X\times Y$ 上にはいろいろな距離関数が定義されるが，この例4.8のようにして得られる距離空間
$$(X\times Y,d)$$
を，距離空間 $(X,d_X),(Y,d_Y)$ の**直積距離空間**という．

■問題

4.3 $(X,d_X),(Y,d_Y)$ を距離空間とする．このとき，次の (1), (2) で与えられる関数 $d_1, d_2 : (X\times Y)\times(X\times Y)\to\mathbb{R}^1$ は，いずれも直積集合 $X\times Y$ 上の距離関数となることを証明しなさい．
 (1) $d_1((x_1,y_1),(x_2,y_2))=\max\{d_X(x_1,x_2),d_Y(y_1,y_2)\}$
 (2) $d_2((x_1,y_1),(x_2,y_2))=d_X(x_1,x_2)+d_Y(y_1,y_2)$

4.4 (X,d) を距離空間とするとき，関数 $d':X\times X\to\mathbb{R}^1$ を
$$d'(x,y)=\frac{d(x,y)}{1+d(x,y)}$$
と定義すると，d' も X 上の距離関数となることを証明しなさい．

4.5 次の (1), (2) で与えられる関数 $d_1, d_2 : \mathbb{R}\times\mathbb{R}\to\mathbb{R}^1$ は実数全体の集合 $\mathbb{R}$ 上の距離関数であるかどうかを調べなさい．
 (1) $d_1(x,y)=|x^3-y^3|$ (2) $d_2(x,y)=|x^4-y^4|$

4.6 次の (1), (2) で与えられる関数 $d_1, d_2 : \mathbb{R}^2\times\mathbb{R}^2\to\mathbb{R}^1$ は，直積集合 $\mathbb{R}^2=\mathbb{R}\times\mathbb{R}$ 上の距離関数であるかどうかを調べなさい．
 (1) $d_1((x_1,y_1),(x_2,y_2))=|x_1-x_2|$
 (2) $d_2((x_1,y_1),(x_2,y_2))=\alpha|x_1-x_2|+\beta|y_1-y_2|$ （α,β は正の定数）

4.2 距離空間の位相

開集合・閉集合　距離空間においては，距離 d を利用して，開集合を定義し，連続写像について議論することができる．第3章での議論は，空間 $\mathbb{R}^n$ における「実数の連続性」を用いたところを除いては，すべて同じように進行する．

(X,d) を距離空間とする．点 $a \in X$ と実数 $\varepsilon > 0$ に対して，

$$N(a;\varepsilon) = \{x \in X \mid d(x,a) < \varepsilon\}$$

を，点 a の ε-近傍（ε-neighborhood）という．

例 4.9　$\mathbb{R}^2$ 上の，ユークリッドの距離 $d^{(2)}$，例 4.2 で示した距離 d_0，問題 4.1 で取り上げた距離 d_1 に関する ε-近傍を図示すれば，それぞれ下図のようになる．

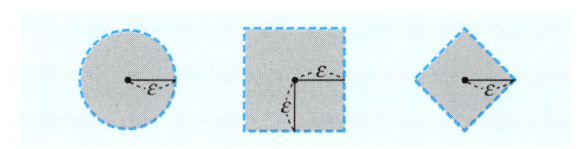

また，例 4.4 で取り上げた離散距離空間 (X,d) では，点 x の ε-近傍は

$$N(x;\varepsilon) = \begin{cases} \{x\} & (\varepsilon \leq 1) \\ X & (\varepsilon > 1) \end{cases}$$

となる．このように，距離空間を一般的に考える場合には，ユークリッド空間の場合とはかけ離れたものが現れることに注意すべきである．

距離空間 (X,d) の部分集合 $A \subset X$ と点 $x \in X$ の位置関係について，次のように定義する：

(i) 点 x が A の**内点**　$\equiv \exists \varepsilon > 0 \, (N(x;\varepsilon) \subset A)$
(e) 点 x が A の**外点**　$\equiv \exists \varepsilon > 0 \, (N(x;\varepsilon) \subset A^c = X - A)$
(f) 点 x が A の**境界点**　$\equiv \forall \varepsilon > 0 \, (N(x;\varepsilon) \cap A \neq \emptyset \land N(x;\varepsilon) \cap A^c \neq \emptyset)$

A の**内点** (interior point) の全体を A^i で表し，A の**内部**または**開核** (interior) という．点 $x \in X$ が A の内点ならば，$x \in A$ である．

$$A^i = \{x \in A \mid \exists \varepsilon > 0 \, (N(x;\varepsilon) \subset A)\}$$

A の**外点** (exterior point) の全体を A^e で表し，A の**外部** (exterior) という．点 $x \in X$ が A の外点ならば，$x \in A^c$，したがって $x \notin A$ である．

$$A^e = \{x \in A^c \mid \exists \varepsilon > 0 \, (N(x;\varepsilon) \subset A^c)\} = (A^c)^i$$

A の**境界点** (frontier point, boundary point) の全体を A^f で表し，A の**境界** (frontier, boundary) という．ユークリッド空間の場合と同じように，次が成り立つ：

(☆) $X = A^i \cup A^e \cup A^f$;　$A^i \cap A^e = A^e \cap A^f = A^f \cap A^i = \varnothing$

(X,d) を距離空間とする．部分集合 $A \subset X$ が**開集合** (open set, open subset) であるとは，A のすべての点が A の内点である場合をいう．空集合 $\varnothing$ は開集合である．X の開集合の全体を $\boldsymbol{O}_d(X)$ で表す．

例 4.10　距離空間 (X,d) において，任意の点 $x \in X$ と任意の実数 $\varepsilon > 0$ について，ε-近傍 $N(x;\varepsilon)$ は X の開集合である；

$$N(x;\varepsilon) \in \boldsymbol{O}_d(X).$$

証明は，第 3 章の例題 3.2 と同じである．

定理 4.1　距離空間 (X,d) の開集合の全体 $\boldsymbol{O}_d(X)$ は，次の性質をもつ：
[O1]　$X \in \boldsymbol{O}_d(X)$,　$\varnothing \in \boldsymbol{O}_d(X)$
[O2]　$U_1, U_2, \cdots, U_m \in \boldsymbol{O}_d(X) \;\Rightarrow\; U_1 \cap U_2 \cap \cdots \cap U_m \in \boldsymbol{O}_d(X)$
[O3]　$\{U_\lambda \in \boldsymbol{O}_d(X) \mid \lambda \in \Lambda\} \;\Rightarrow\; \bigcup_{\lambda \in \Lambda} U_\lambda \in \boldsymbol{O}_d(X)$

[証明]　第 3 章の定理 3.2 の証明と同じである．　◆

4.2 距離空間の位相

距離空間 (X, d) の部分集合 $F \subset X$ が**閉集合**（closed set, closed subset）であるとは，その補集合 $F^c = X - F$ が X の開集合となる場合をいう．X の閉集合の全体を $\boldsymbol{A}_d(X)$ で表すと，次が成り立つ：

> **定理 4.2**　距離空間 (X, d) の閉集合の全体 $\boldsymbol{A}_d(X)$ は，次の性質をもつ：
> (1) $\varnothing \in \boldsymbol{A}_d(X), \quad X \in \boldsymbol{A}_d(X)$
> (2) $F_1, F_2, \cdots, F_m \in \boldsymbol{A}_d(X) \quad \Rightarrow \quad F_1 \cup F_2 \cup \cdots \cup F_m \in \boldsymbol{A}_d(X)$
> (3) $\{F_\lambda \in \boldsymbol{A}_d(X) \mid \lambda \in \Lambda\} \quad \Rightarrow \quad \bigcap_{\lambda \in \Lambda} F_\lambda \in \boldsymbol{A}_d(X)$

証明　第 3 章の定理 3.3 の証明と同じである．◆

> **定理 4.3**　(X, d) を距離空間とする．次が成り立つ：
> (1) 部分集合 $A, B \subset X$ について，$A \subset B \Rightarrow A^i \subset B^i$．
> (2) 部分集合 $A \subset X$ について，A^i は A に含まれる最大の開集合である．
> (3) 部分集合 $A, B \subset X$ について，$(A \cap B)^i = A^i \cap B^i$．

証明　第 3 章の定理 3.5, 3.6, 例題 3.4 と同じである．◆

触点・集積点・孤立点　　(X, d) を距離空間とする．部分集合 $A \subset X$ と点 $x \in X$ について，ユークリッド空間の場合と同様に，次のように定める：

(イ)　点 x が A の**触点** $\equiv \forall \varepsilon > 0 \, (N(x; \varepsilon) \cap A \neq \varnothing)$
(ロ)　点 x が A の**集積点** $\equiv \forall \varepsilon > 0 \, (N(x; \varepsilon) \cap (A - \{x\}) \neq \varnothing)$
(ハ)　点 x が A の**孤立点** $\equiv \exists \varepsilon > 0 \, (N(x; \varepsilon) \cap A = \{x\})$

内点・外点・境界点の定義と比較してみると，x が A の触点であることと，x が A の内点または境界点であることは同じである．A の**触点**（adherent point）の全体を A^a で表し，A の**閉包**（closure）という．

$$A^a = \{x \in X \mid \forall \varepsilon > 0 (N(x; \varepsilon) \cap A \neq \varnothing\} = A^i \cup A^f$$

A の**集積点**（accumulation point）の全体を A の**導集合**（derived set）といい，A^d で表す．上の定義から，$x \notin A$ である場合には，x が A の触点であることと集積点であることは同等であり，$A - A^d$ の点が A の**孤立点**（isolated point）であり，$A^a = A^d \cup \{A \text{ の孤立点}\}$ である．

定理 4.4 距離空間 (X,d) と部分集合 $A, B \subset X$ について，次が成り立つ：

(1) A の閉包 A^a は A を含む X の最小の閉集合である．
(2) A が X の閉集合 $\Leftrightarrow$ $A = A^a$
(3) $A^a = (A^a)^a$
(4) $A \subset B$ $\Rightarrow$ $A^a \subset B^a$, $A^d \subset B^d$
(5) $(A \cup B)^a = A^a \cup B^a$, $(A \cup B)^d = A^d \cup B^d$

[証明] 第 3 章の定理 3.7，問題 3.16，例題 3.7 と同じである． ◆

(X, d) を距離空間とする．部分集合 $A \subset X$ と点 $x \in X$ について，x と A の**距離**（distance）を，

$$\mathrm{dist}\,(x, A) = \inf \{d(x, a) \mid a \in A\}$$

と定義する．$d(x, a) \geqq 0$ だから，$\mathrm{dist}\,(x, A) \geqq 0$ である．

次の例題は，例題 3.8 に対応している．

例題 4.1

(X, d) を距離空間とする．部分集合 $A \subset X (A \neq \emptyset)$ と，点 $x, y \in X$ について，次が成り立つ：

(1) $|\mathrm{dist}\,(x, A) - \mathrm{dist}\,(y, A)| \leqq d(x, y)$
(2) $x \in A^a$ $\Leftrightarrow$ $\mathrm{dist}\,(x, A) = 0$
(3) $x \in A^i$ $\Leftrightarrow$ $\mathrm{dist}\,(x, A^c) > 0$

[証明] 例題 3.8 と同じである． ◆

距離空間上の連続写像

ユークリッド空間の場合に倣って，距離空間上の連続写像を自然に次のように定義する．

$(X, d_X), (Y, d_Y)$ を距離空間とし，$f : X \to Y$ を写像とする．f が点 $a \in X$ で**連続**（continuous）であることを，次が成り立つことと定義する：

(*) $\quad \forall \varepsilon > 0, \exists \delta > 0 \, (\forall x \in X, d_X(x, a) < \delta \Rightarrow d_Y(f(x), f(a)) < \varepsilon)$

この定義は，近傍を使って，次のようにいい換えることができる：

(*) $\quad \quad \forall \varepsilon > 0, \exists \delta > 0 \, (f(N(a; \delta)) \subset N(f(a); \varepsilon))$

ここで，近傍を示すのに同じ N を用いているが，前の N は X での近傍であり，後の N は Y での近傍である．

写像 $f : X \to Y$ がすべての点 $a \in X$ で連続であるとき，f は (X, d_X) で連続である，あるいは (X, d_X) 上の**連続写像**（continuous map）であるという．

距離空間上の連続写像も，定理 3.9 のように，開集合・閉集合を用いて特徴付けることができる．

> **定理 4.5** $(X, d), (Y, d')$ を距離空間とし，$f : X \to Y$ を写像とする．このとき，次の 3 条件は同値である：
> (1) f は X 上の連続写像である．
> (2) Y の任意の開集合 U について，f による U の逆像 $f^{-1}(U)$ は X の開集合である；$\forall U \in \boldsymbol{O}_{d'}(Y)(f^{-1}(U) \in \boldsymbol{O}_d(X))$.
> (3) Y の任意の閉集合 F について，f による F の逆像 $f^{-1}(F)$ は X の閉集合である；$\forall F \in \boldsymbol{A}_{d'}(Y)(f^{-1}(F) \in \boldsymbol{A}_d(X))$.

[証明] 定理 3.8 の証明と同じである． ◆

★ この定理により，「連続写像」は開集合（または閉集合）が定義されていれば，距離空間の場合と同じように，定義できることになる．

そこで，集合 X の部分集合族 $\boldsymbol{O}(X)$ が定理 4.1 の 3 つの性質 [O1], [O2], [O3] を満たすとき，$\boldsymbol{O}(X)$ の要素を X の開集合と決めることにより，「位相空間」が定義される．

問題

4.7 (X, d) を距離空間とする．部分集合 $A \subset X\,(A \neq \emptyset)$ に関して，次のように定義される写像 f は X 上の連続写像であることを証明しなさい．
$$f: X \to \mathbb{R}^1;\ f(x) = \mathrm{dist}\,(x, A)$$

ヒント 例題 4.1 (1) より，直ちに証明される．

(X, d) を距離空間とする．部分集合 $A \subset X$ について，
$$\mathrm{diam}\,(A) = \sup\{d(x, y) \mid x, y \in A\}$$
を A の**直径**（diameter）という．

直径が有限の値をもつとき，A は**有界**（bounded）であるという．

例題 4.2

(X, d) を距離空間とする．次が成り立つ．

(1) 任意の点 $a \in X$ と任意の $\varepsilon > 0$ について，
$$\mathrm{diam}\,(N(a; \varepsilon)) \leqq 2\varepsilon.$$

(2) 部分集合 $A \subset X$ が有界であることと，次の命題 $(*)$ が成り立つこととは同値である：

$(*)$ $\qquad \forall a \in X, \exists R \in \mathbb{R}\,(A \subset N(a, R))$

証明 (1) 任意の $x, y \in N(a; \varepsilon)$ に対して，三角不等式より，
$$d(x, y) \leqq d(x, a) + d(a, y) \leqq 2\varepsilon$$

(2)((2) $\Rightarrow$ $(*)$ の証明)（例題 3.16 の (2) $\Leftrightarrow$ (3) の証明を参照）：$\mathrm{diam}\,(A) = S < \infty$ とする．1点 $y \in A$ を選び固定する．任意の点 $x \in A$ に対して，
$$d(a, x) \leqq d(a, y) + d(y, x) \leqq d(a, y) + S$$
が成り立つ．したがって，$R > d(a, y) + S$ とすれば，$A \subset N(a; R)$ である．
$((*) \Rightarrow (2)$ の証明) $A \subset N(a; R)$ ならば，明らかに
$$\mathrm{diam}\,(A) \leqq \mathrm{diam}\,(N(a; R))$$
だから，前半の (1) より，$\mathrm{diam}\,(A) \leqq 2R$ が成り立つ． ◆

4.2 距離空間の位相

コンパクト性　ユークリッド空間の場合と同じように，距離空間においてもコンパクトの概念が自然に導入される．

(X,d) を距離空間とする．部分集合 $A \subset X$ の**点列** $[x_i]$ とは，写像 $x: \mathbb{N} \to A$ のことであり，これまでと同じように，$x(i)$ を x_i で表したものである．順序を保つ写像 $\iota: \mathbb{N} \to \mathbb{N}$ について，合成写像 $x \circ \iota: \mathbb{N} \to A$ を点列 x の**部分列**といい，部分列 $[x_{\iota(i)}]$ で表す．

$A \subset X$ の点列 $[x_i]$ が点 $\alpha \in X$ に**収束**するとは，

$$\forall \varepsilon > 0, \exists N \in \mathbb{N} (\forall k \in \mathbb{N}, k \geq N \Rightarrow x_k \in N(\alpha; \varepsilon))$$

が成立する場合をいい，α をこの点列の**極限**（limit）または**極限点**（limit point）といい，次のように表す：

$$\alpha = \lim_{i \to \infty} x_i \quad \text{または} \quad x_i \to \alpha \; (i \to \infty)$$

★ この定義からわかるように，距離空間における点列は，第 2 章の実数列，第 3 章の $\mathbb{R}^n$ の点列がもつ性質のほとんどをそのままもっている．ただし，これらの点列では，コーシー列（基本列）は収束したが（実数の連続性の公理 [IV]），距離空間では必ずしも収束しない．ここで，X の点列 $[x_i]$ が**コーシー列**であるとは，

$$\forall \varepsilon > 0, \exists N \in \mathbb{N} (\forall m, \forall n, m \geq N, n \geq N \Rightarrow d(x_m, x_n) < \varepsilon)$$

が成り立つ場合をいう．

距離空間 (X,d) が**完備**（complete）であるとは，そのすべてのコーシー列が収束する場合をいう．完備距離空間は，極めてユークリッド空間に似た空間である．

■問　題

4.8 (X,d) を距離空間とし，$A \subset X$ とする．次を証明しなさい．
  (1) A の点列が収束するならば，極限点は一意的である．
  (2) A の点列が $\alpha \in X$ に収束するならば，任意の部分列も α に収束する．

4.9 (X,d) を距離空間とする．$A \subset X$ の点列 $[x_i]$ が**有界**であるとは，

$$\exists a \in A, \exists M > 0 (\forall i \in \mathbb{N}, d(x_i, a) \leq M)$$

が成り立つ場合をいう．

点列 $[x_i]$ が収束するならば，有界であることを証明しなさい．

---例題 4.3---

$(X, d_X), (Y, d_Y)$ を距離空間とし，$\{x_i\}$ を部分集合 $A \subset X$ の点列とする．$f : X \to Y$ が連続写像ならば，次が成り立つ：
$$x_i \to \alpha \,(i \to \infty) \quad \Rightarrow \quad f(x_i) \to f(\alpha) \,(i \to \infty)$$

証明 例題 3.13 の証明と本質的に同じである． ◆

(X, d) を距離空間とする．部分集合 $A \subset X$ が**点列コンパクト**であるとは，A の任意の点列が必ず A の点に収束する部分列をもつ場合をいう．

---例題 4.4---

(X, d) を距離空間とする．部分集合 $A \subset X$ が点列コンパクトならば，A は有界な閉集合である．

証明 定理 3.9 の (1) $\Rightarrow$ (2) の証明と本質的に同じである． ◆

★ 定理 3.9 に反して，例題 4.4 の逆は成立しない．つまり，有界な閉集合は必ずしも点列コンパクトではない．

次の 2 つの定理は，定理 3.10 と定理 3.11 に対応している．証明も本質的に同じである．

定理 4.6 $(X, d_X), (Y, d_Y)$ を距離空間とし，$f : X \to Y$ を連続写像とする．部分集合 $A \subset X$ が点列コンパクトならば，$f(A)$ も点列コンパクトである．

定理 4.7 (X, d) を距離空間，$A \subset X$ を空でない点列コンパクト集合とする．任意の連続写像 $f : A \to \mathbb{R}^1$ は A 上で最大値と最小値をもつ．

4.2 距離空間の位相

(X, d) を距離空間とする．部分集合 $A \subset X$ について，開集合族 $\boldsymbol{O}_d(X)$ の部分集合 $\boldsymbol{C}$ が $\bigcup \boldsymbol{C} \supset A$ を満たすとき，$\boldsymbol{C}$ を A の**開被覆**という．A の任意の開被覆 $\boldsymbol{C}$ に対して，$\boldsymbol{C}$ に属する有限個の開集合 $U_1, U_2, \cdots, U_m$ を選んで，
$$U_1 \cup U_2 \cup \cdots \cup U_m \supset A$$
となるようにできる場合，A は**コンパクト**であるという．また，このような $\boldsymbol{C}_0 = \{U_1, U_2, \cdots, U_m\}$ を $\boldsymbol{C}$ の**有限部分被覆**という．

距離空間におけるコンパクト集合に関しても，ユークリッド空間のコンパクト集合と同じような性質がある．いくつかを挙げる．

---**例題 4.5**---

(X, d) を距離空間とする．$A \subset X$ がコンパクト集合で，部分集合 $B \subset A$ が X の閉集合ならば，B もコンパクトである．

証明 例題 3.17 の証明と完全に同じである． ◆

---**例題 4.6**---

(X, d) を距離空間とする．部分集合 $A \subset X$ がコンパクトならば，A は有界な閉集合である．

証明 定理 3.17 の (3) → (2) の証明と同じである． ◆

定理 4.8 $(X, d_X), (Y, d_Y)$ を距離空間とし，$f : X \to Y$ を連続写像とする．部分集合 $A \subset X$ がコンパクトならば，$f(A) \subset Y$ もコンパクトである．

証明 $\{U_\lambda \mid \lambda \in \Lambda\}$ を $f(A)$ の開被覆とする．f は連続写像だから，任意の $\lambda \in \Lambda$ について，$f^{-1}(U_\lambda)$ は X の開集合である．任意の点 $a \in A$ について，$f(a) \in f(A) \subset \bigcup U_\lambda$ だから，$a \in \bigcup f^{-1}(U_\lambda)$ が成り立つ．よって，$\{f^{-1}(U_\lambda) \mid \lambda \in \Lambda\}$ はコンパクト集合 A の開被覆である．よって，有限個の $U_1, U_2, \cdots, U_m$ が存在し，
$$A \subset f^{-1}(U_1) \cup f^{-1}(U_2) \cup \cdots \cup f^{-1}(U_m)$$
となる．両辺を f で移して，$f(A) \subset U_1 \cup U_2 \cup \cdots \cup U_m$ が得られるので，$f(A)$ は $\{U_\lambda \mid \lambda \in \Lambda\}$ の有限個で被覆された．よって，コンパクトである． ◆

連結性　距離空間 (X,d) に開集合が導入されたので,これを利用して,連結性も自然に定義され,3.5 節で述べた多くの性質も成り立つ.

(X,d) を距離空間とする.部分集合 $A \subset X$ に対して,次の 3 条件を満たす開集合 U,V が存在するとき,A は**連結でない**(disconnected)という;

(DC1)　$A \subset U \cup V$
(DC2)　$U \cap V = \emptyset$
(DC3)　$U \cap A \neq \emptyset \neq V \cap A$

部分集合 $A \subset X$ が**連結**(connected)であるとは,上の「連結でない」の否定が成り立つ場合をいう.

例題 4.7

(X,d) を距離空間とする.部分集合 $A \subset X$ が連結で,$A \subset B \subset A^a$ ならば,B も連結である.したがって,とくに A^a も連結である.

証明　例題 3.21 の証明と同じである.　◆

定理 4.9　$(X,d_X), (Y,d_Y)$ を距離空間とし,$f: X \to Y$ を連続写像とする.部分集合 $A \subset X$ が連結ならば,$f(A) \subset Y$ も連結である.

証明　定理 3.16 の証明と同じように証明される.　◆

定理 4.10(中間値の定理)　(X,d) を距離空間とし,$f: X \to \mathbb{R}^1$ を連続写像とする.部分集合 $A \subset X$ が連結ならば,次が成り立つ:
$$\forall \alpha, \beta \in f(A), \alpha < \beta \, ([\alpha, \beta] \subset f(A))$$

距離空間 (X,d) においても,例題 3.22 に相当する命題が同じように証明されるので,点 $x \in X$ を含む**連結成分** $C(x)$ が定義され,例題 3.23 に相当する命題が成り立つ.

問 題 解 答

第1章

1.1節 論理

1.1 (5p.)

P	Q	$\neg P$	$P \Rightarrow Q$	$\neg P \vee Q$	$(P \Rightarrow Q) \Leftrightarrow (\neg P \vee Q)$
T	T	F	T	T	T
T	F	F	F	F	T
F	T	T	T	T	T
F	F	T	T	T	T

1.2 (6p.) (1)

P	$\neg P$	$\neg(\neg P)$	$\neg(\neg P) \Leftrightarrow P$
T	F	T	T
F	T	F	T

(2)

P	Q	$\neg P$	$\neg Q$	$P \Rightarrow Q$	$\neg Q \Rightarrow \neg P$	$(P \Rightarrow Q) \Leftrightarrow (\neg Q \Rightarrow \neg P)$
T	T	F	F	T	T	T
T	F	F	T	F	F	T
F	T	T	F	T	T	T
F	F	T	T	T	T	T

続く (3) から (6) では，表が大きくなるので，最後の結論のところは ⇔ だけで示す．

(3)

P	Q	R	$Q \wedge R$	$P \vee Q$	$P \vee R$	$P \vee (Q \wedge R)$	$(P \vee Q) \wedge (P \vee R)$	$\Leftrightarrow$
T	T	T	T	T	T	T	T	T
T	T	F	F	T	T	T	T	T
T	F	T	F	T	T	T	T	T
F	T	T	T	T	T	T	T	T
T	F	F	F	T	T	T	T	T
F	T	F	F	T	F	F	F	T
F	F	T	F	F	T	F	F	T
F	F	F	F	F	F	F	F	T

(4)

P	Q	R	$Q\vee R$	$P\wedge Q$	$P\wedge R$	$P\wedge(Q\vee R)$	$(P\wedge Q)\vee(P\wedge R)$	$\Leftrightarrow$
T	T	T	T	T	T	T	T	T
T	T	F	T	T	F	T	T	T
T	F	T	T	F	T	T	T	T
F	T	T	T	F	F	F	F	T
T	F	F	F	F	F	F	F	T
F	T	F	F	F	F	F	F	T
F	F	T	T	F	F	F	F	T
F	F	F	F	F	F	F	F	T

(5)

P	Q	$\neg P$	$\neg Q$	$\neg(P\vee Q)$	$(\neg P)\wedge(\neg Q)$	$\Leftrightarrow$
T	T	F	F	F	F	T
T	F	F	T	F	F	T
F	T	T	F	F	F	T
F	F	T	T	T	T	T

(6)

P	Q	$\neg P$	$\neg Q$	$\neg(P\wedge Q)$	$(\neg P)\vee(\neg Q)$	$\Leftrightarrow$
T	T	F	F	F	F	T
T	F	F	T	T	T	T
F	T	T	F	T	T	T
F	F	T	T	T	T	T

1.3 (9p.) 定理 1.2 (2) の $P(x)$ に当たるものが

$$A(x)\wedge B(x)$$

である．定理 1.1 (5) と問題 1.1 より，

$$\neg(A(x)\wedge B(x))\equiv(\neg A(x)\vee(\neg B(x))\equiv A(x)\Rightarrow\neg B(x)$$

よって，定理 1.2 (2) を使うと，証明すべき式が得られる．

1.2 節　集合

1.4 (14p.)　(1)　$x\in A\cap(B\cup C)\Leftrightarrow(x\in A)\wedge(x\in B\cup C)$
$\Leftrightarrow(x\in A)\wedge((x\in B)\vee(x\in C))$
$\Leftrightarrow((x\in A)\wedge(x\in B))\vee((x\in A)\wedge(x\in C))$
$\Leftrightarrow(x\in A\cap B)\vee(x\in A\cap C)$
$\Leftrightarrow x\in(A\cap B)\cup(A\cap C)$

問 題 解 答   137

(2) $\quad x \in (A \cap B)^c \Leftrightarrow \neg(x \in (A \cap B))$
$\Leftrightarrow \neg((x \in A) \wedge (x \in B))$
$\Leftrightarrow (\neg(x \in A)) \vee (\neg(x \in B))$
$\Leftrightarrow (x \in A^c) \vee (x \in B^c)$
$\Leftrightarrow x \in A^c \cup B^c$

1.5 (14p.) (1) $A \triangle A = (A - A) \cup (A - A) = (A \cap A^c) \cup (A \cap A^c) = \varnothing \cup \varnothing = \varnothing$

(2) $A \triangle \varnothing = (A - \varnothing) \cup (\varnothing - A) = (A \cap \varnothing^c) \cup (\varnothing \cap A^c) = A \cup \varnothing = A$

(3) 対称差の定義から,「$A \triangle B = B \triangle A$」が成り立つことに注意する.
$(A \triangle B) \triangle C$
$= ((A \triangle B) - C) \cup (C - (A \triangle B))$
$= (((A - B) \cup (B - A)) - C) \cup (C - ((A - B) \cup (B - A)))$
$= (((A \cap B^c) \cup (B \cap A^c)) \cap C^c) \cup (C \cap ((A \cap B^c) \cup (B \cap A^c))^c)$
$= (((A \cap B^c) \cap C^c) \cup ((B \cap A^c) \cap C^c)) \cup ((C \cap ((A \cap B^c)^c \cap (B \cap A^c)^c))$
$= (A \cap B^c \cap C^c) \cup (B \cap A^c \cap C^c) \cup (C \cap ((A^c \cup B) \cap (B^c \cup A)))$
$= (A \cap B^c \cap C^c) \cup (B \cap A^c \cap C^c) \cup (C \cap (A^c \cup B) \cap (B^c \cup A))$
$= (A \cap B^c \cap C^c) \cup (A^c \cap B \cap C^c) \cup (C \cap A^c \cap B^c)$
$\quad \cup (C \cap A^c \cap A) \cup (C \cap B \cap B^c) \cup (C \cap B \cap A)$
$= (A \cap B^c \cap C^c) \cup (A^c \cap B \cap C^c) \cup (A^c \cap B^c \cap C) \cup \varnothing \cup \varnothing \cup (A \cap B \cap C)$
$= (A \cap B^c \cap C^c) \cup (A^c \cap B \cap C^c) \cup (A^c \cap B^c \cap C) \cup (A \cap B \cap C)$

これは A, B, C に関しての対称な式である. よって, A, B, C を順に入れ替えて,
$$(A \triangle B) \triangle C = (B \triangle C) \triangle A$$
を得る. 最初の注意から,
$$(A \triangle B) \triangle C = (B \triangle C) \triangle A = A \triangle (B \triangle C).$$

1.6 (15p.) (1) $\{a, b, c\}, \{a, b\}, \{b, c\}, \{c, a\}, \{a\}, \{b\}, \{c\}, \varnothing.$

(2) n 個の要素からなる集合を $A = \{a_1, a_2, a_3, \cdots, a_n\}$ とする. A の部分集合の作り方は, a_1 を入れるか入れないかで 2 通り, a_2 を入れるか入れないかで 2 通り, a_3 を入れるか入れないかで 2 通り, $\cdots$, a_n を入れるか入れないかで 2 通りある. これらは独立だから, 部分集合の作り方は 2^n 通りある.

1.7 (16p.) (1) $x \in \left(\bigcup_{\lambda \in \Lambda} A_\lambda\right) \cap B \Leftrightarrow \left(x \in \bigcup_{\lambda \in \Lambda} A_\lambda\right) \wedge (x \in B)$
$\Leftrightarrow (\exists \mu \in \Lambda (x \in A_\mu)) \wedge (x \in B)$
$\Leftrightarrow \exists \mu \in \Lambda (x \in A_\mu \cap B)$
$\Leftrightarrow x \in \bigcup_{\lambda \in \Lambda} (A_\lambda \cap B)$

(2) $x \in \left(\bigcap_{\lambda \in \Lambda} A_\lambda\right) \cup B \Leftrightarrow \left(x \in \bigcap_{\lambda \in \Lambda} A_\lambda\right) \vee (x \in B)$
$\Leftrightarrow (\forall \lambda \in \Lambda (x \in A_\lambda)) \vee (x \in B)$
$\Leftrightarrow \forall \lambda \in \Lambda (x \in A_\lambda \cup B)$
$\Leftrightarrow x \in \bigcap_{\lambda \in \Lambda} (A_\lambda \cup B)$

(3) $x \in \left(\bigcup_{\lambda \in \Lambda} A_\lambda\right) \cup B \Leftrightarrow \left(x \in \bigcup_{\lambda \in \Lambda} A_\lambda\right) \vee (x \in B)$
$\Leftrightarrow (\exists \mu \in \Lambda (x \in A_\mu)) \vee (x \in B)$
$\Leftrightarrow \exists \mu \in \Lambda (x \in A_\mu \cup B)$
$\Leftrightarrow x \in \bigcup_{\lambda \in \Lambda} (A_\lambda \cup B)$

(4) $x \in \left(\bigcap_{\lambda \in \Lambda} A_\lambda\right) \cap B \Leftrightarrow \left(x \in \bigcap_{\lambda \in \Lambda} A_\lambda\right) \wedge (x \in B)$
$\Leftrightarrow (\forall \lambda \in \Lambda (x \in A_\lambda) \wedge (x \in B)$
$\Leftrightarrow \forall \lambda \in \Lambda (x \in A_\lambda \cap B)$
$\Leftrightarrow x \in \bigcap_{\lambda \in \Lambda} (A_\lambda \cap B)$

1.8 (17p.) 直積 $A \times B$ の要素 (x, y) の，x の位置には A の m 個の要素が入り得るし，その各々について，y の位置には B の n 個の要素が入り得る．

1.3節　写像
1.9 (20p.)

$(f \circ g)(x) = f(g(x)) = f(x^2 + 3) = 2(x^2 + 3) + 1 = 2x^2 + 6 + 1 = 2x^2 + 7$
$(g \circ f)(x) = g(f(x)) = g(2x + 1) = (2x + 1)^2 + 3 = 4x^2 + 4x + 1 + 3$
$\quad = 4x^2 + 4x + 4$
$(f \circ f)(x) = f(f(x)) = f(2x + 1) = 2(2x + 1) + 1 = 4x + 2 + 1 = 4x + 3$
$(g \circ g)(x) = g(x^2 + 3) = (x^2 + 3)^2 + 3 = x^4 + 6x^2 + 9 + 3 = x^4 + 6x^2 + 12$

1.10 (20p.) (1) $a, a' \in A$ について，$f(a) = f(a')$ とする．これを g で C の要素に対応させると，$g(f(a)) = g(f(a'))$. 合成の定義から，これは $(g \circ f)(a) = (g \circ f)(a')$ を意味する．$g \circ f$ が単射であるから，$a = a'$. よって f は単射である．

(2) $g \circ f$ が全射だから，任意の $c \in C$ に対して $a \in A$ が存在し，$c = (g \circ f)(a) = g(f(a))$ となる．$f(a) \in B$ より，$b = f(a)$ とすれば，$g(b) = c$ であり，これは g が全射であることを示す．

1.11 (21p.) 恒等写像 I_A は全単射であるから,問題 1.10 の (1) より f は単射で,問題 1.10 の (2) より g は全射である.

1.12 (21p.) 問題 1.11 より,f, g ともに全単射であるから,それぞれの逆写像 f^{-1}, g^{-1} が存在する.$b \in B$ に対して,
$$f(g(b)) = (f \circ g)(b) = I_B(b) = b,$$
$$f(f^{-1}(b)) = (f \circ f^{-1})(b) = I_B(b) = b$$
であるから,$f \circ g = f \circ f^{-1}$ が成り立つ.これらの写像にさらに g を合成すると,
$$(g \circ (f \circ g))(b) = g((f(g(b))) = (g \circ f)(g(b)) = I_A(g(b))$$
$$= (g \circ (f \circ f^{-1}))(b) = g(f(f^{-1}(b))) = (g \circ f)(f^{-1}(b)) = I_A(f^{-1}(b))$$
となる.よって,$g(b) = f^{-1}(b)$.したがって,写像として,$f^{-1} = g$.

1.13 (23p.) ここで,$[a,b] = \{x \in \mathbb{R} \mid a \leq x \leq b\}$(閉区間)とする(例 2.1 参照).

(1) $B = [-1, 1]$ とすると,$f^{-1}(B) = [-1, 1]$ である.したがって,
$$f(f^{-1}(B)) = f([-1, 1]) = [0, 1].$$
よって,$f(f^{-1}(B)) \neq B$.

(2) $A = [1, 2]$ とすると,$f([1,2]) = [1, 4]$ となる.よって,
$$f^{-1}(f(A)) = f^{-1}([1, 4]) = [-2, -1] \cup [1, 2],$$
したがって,$f^{-1}(f(A)) \neq A$.

1.14 (25p.) f が単射ならば,$y \in Y$ に対して,$x_1 \in A_1$ と $x_2 \in A_2$ について,$f(x_1) = y = f(x_2)$ ならば,$x_1 = x_2$ が成立するから,証明の $\Rightarrow$ の部分で逆も成立する.

ここでも閉区間の記法を使用する.$A_1 = [-2, 1], A_2 = [-1, 2]$ とすると,$A_1 \cap A_2 = [-1, 1]$ である.したがって,
$$f(A_1 \cap A_2) = f([-1, 1]) = [0, 1].$$
一方,
$$f(A_1) \cap f(A_2) = [0, 4] \cap [0, 4] = [0, 4]$$
である.よって,$f(A_1 \cap A_2) \neq f(A_1) \cap f(A_2)$.

1.15 (25p.) (1) $y \in Y$ について,

$$y \in f\Big(\bigcup_{\lambda \in \Lambda} A_\lambda\Big) \Leftrightarrow \exists\, x \in \bigcup_{\lambda \in \Lambda} A_\lambda\,(f(x) = y)$$
$$\Leftrightarrow \exists\, \mu \in \Lambda, \exists\, x \in A_\mu\,(f(x) = y)$$
$$\Leftrightarrow \exists\, \mu \in \Lambda\,(y \in f(A_\mu))$$
$$\Leftrightarrow y \in \bigcup_{\lambda \in \Lambda} f(A_\lambda)$$

(2) $\quad y \in f\Big(\bigcap_{\lambda \in \Lambda} A_\lambda\Big) \Leftrightarrow \exists\, x \in \bigcap_{\lambda \in \Lambda} A_\lambda\,(f(x) = y)$
$$\Rightarrow \forall \lambda \in \Lambda, \exists\, x \in A_\lambda\,(f(x) = y)$$
$$\Leftrightarrow \forall \lambda \in \Lambda\,(y \in f(A_\lambda))$$
$$\Leftrightarrow y \in \bigcap_{\lambda \in \Lambda} f(A_\lambda)$$

1.4 節　2 項関係

1.16 (28p.)　(E1)　$\forall x \in X(x\boldsymbol{R}x)$,

(E2)　$\forall x, y \in X(x\boldsymbol{R}y \Rightarrow y\boldsymbol{R}x)$,

(E3)　$\forall x, y, z \in X(x\boldsymbol{R}y \land y\boldsymbol{R}z \Rightarrow x\boldsymbol{R}z)$.

1.17 (29p.)　(E1)　任意の $n \in \mathbb{Z}$ について，$n - n = 0$ で，0 は p の倍数だから，$(n, n) \in \boldsymbol{R}$.

(E2)　$(m, n) \in \boldsymbol{R}$ とすると，整数 k が存在して，$m - n = pk$ となる．
$$n - m = -(m - n) = p(-k)$$
だから，$n - m$ も p の倍数である．つまり，$(n, m) \in \boldsymbol{R}$.

(E3)　$(m, n), (n, s) \in \boldsymbol{R}$ とすると，整数 k, h が存在して，
$$m - n = pk, \quad n - s = ph$$
となる．2 つの式を辺々加えると，
$$m - s = (m - n) + (n - s) = pk + ph = p(k + h)$$
となり，$m - s$ も p の倍数である．よって，$(m, s) \in \boldsymbol{R}$.

1.18 (31p.)　(E1)　$\forall f \in \mathbb{R}^X$ について，
$$\forall x \in X(f(x) \leqq f(x))$$
だから，$f \leqq f$.

(E3)　$\forall f, g, h \in \mathbb{R}^X$ について，
$$\forall x \in X(f(x) \leqq g(x) \land g(x) \leqq h(x) \Rightarrow f(x) \leqq h(x))$$
だから，$f \leqq g \land g \leqq h \Rightarrow f \leqq h$.

(E4)　$\forall f, g \in \mathbb{R}^X$ について，
$$\forall x \in X(f(x) \leqq g(x) \land g(x) \leqq f(x) \Rightarrow f(x) = g(x))$$
だから，$f \leqq g \land g \leqq f \Rightarrow f = g$.

第 2 章

2.1 節 実数

2.1 (36p.) (1) $x > 0$ ならば，$-x \neq 0$ である．もし，$-x > 0$ であるとすると，上の $(4'')$ より，$x + (-x) > 0 + 0 = 0$ となり，加法の逆元の条件に反する．よって，$-x < 0$．

(2) $x \neq 0$ ならば，$x > 0$ または $x < 0$ である．$x > 0$ ならば，$(4'')$ より，$x^2 > 0$．$x < 0$ ならば，$-x > 0$ であるから，再び $(4'')$ より，$x^2 = (-x)^2 > 0$．

(3) $x > 0$ で $x^{-1} < 0$ とすると，上の $(4')$ より，$1 = x^{-1} \cdot x < 0 \cdot x = 0$ となり矛盾．

2.2 (41p.) 省略

2.3 (43p.) (1) 加法単位元 $0, 0'$ とすると，$0' = 0' + 0$ (0 は単位元だから) $= 0$ ($0'$ は単位元だから)．

乗法単位元を $1, 1'$ とすると，$1' = 1' \times 1$ (1 は単位元だから) $= 1$ ($1'$ は単位元だから)．

(2) a, b を x の加法逆元とすると，$a = a + 0 = a + (x + b) = (a + x) + b = 0 + b = b$．

c, d を x の乗法逆元とすると，$c = c \times 1 = c \times (x \times d) = (c \times x) \times d = 1 \times d = d$．

2.2 節 実数の集合 $\mathbb{R}$ の位相

2.4 (44p.) 省略

2.5 (47p.) 例題 2.1 (2) の証明：α, β を A の最小値とする．最小値の定義から，$\alpha \in A, \beta \in A$ であって，α の最小性から $\alpha \leqq \beta$，また β の最小性から $\beta \leqq \alpha$ である．よって，反対称律より，$\alpha = \beta$ である．

定理 2.6 (2) の証明：$(\Rightarrow)$ (i) は下限の定義から明らかである．(ii) を背理法で示す．ある $\varepsilon > 0$ に対して，任意の $a \in A$ について $t + \varepsilon \leqq a$ であるとすれば，$t + \varepsilon$ は A の下界である．これは，t が下界の最大値であることに反する．

$(\Leftarrow)$ こちらも背理法で証明する．A の下界 t' で，$t < t'$ となるものが存在したとする．$\varepsilon = t' - t$ とすれば，(ii) より $t \leqq a < t'$ を満たす $a \in A$ が存在する．これは t' が A の下界であることに反する．

例題 2.2 (2) の証明：$b = \min A$ とすると，$b \in A$ で，任意の $x \in A$ について $b \leqq x$ が成り立つ．これより，b は A の下界の 1 つである．任意の $\varepsilon > 0$ について $b < b + \varepsilon$ だから，定理 2.6 (2) により，b は A の下限である；$b = \inf A$．

例題 2.3 (2) の証明：$T(A)$ を A の下界全体の集合とすれば，仮定より $T(A) \neq \emptyset$ である．例題 2.2 (1) より，$T(A)$ の最大値は一意的であるから，$\max T(A) = \inf A$

も一意的である．

例題 2.4 (2) の証明：$x \in A$ ならば $x \in B$ だから，$x \geq \inf B$ である．これは $\inf B$ が A の下界であることを示す．A の下限の最大性から，$\inf B \leq \inf A$ である．

例題 2.5 (2) の証明：任意の $a \in A$ について，$\exists b \in B \, (a \leq b)$ より，b は A の上界の 1 つである．上限の最小性より，$\sup A \leq b$．ところで，$b \in B$ だから，上限の定義より，$b \leq \sup B$．よって，$\sup A \leq \sup B$．

2.6 (48p.) $x_i \to \alpha \, (i \to \infty)$ だから，定義より，次が成立する：
$$\forall \varepsilon > 0, \exists N \in \mathbb{N} \, (\forall n \in \mathbb{N}, n \geq N \Rightarrow |x_n - \alpha| < \varepsilon).$$
ところが，部分列の定義より，$\iota(i) \to \infty \, (i \to \infty)$ であるから，
$$\exists N_0 \in \mathbb{N} \, (\forall k \in \mathbb{N}, k \geq N_0 \Rightarrow \iota(k) \geq N)$$
が成り立つ．したがって，同じ $\varepsilon > 0$ に対して，
$$\exists N_0 \in \mathbb{N} \, (\forall k \in \mathbb{N}, k \geq N_0 \Rightarrow |x_{\iota(k)} - \alpha| < \varepsilon)$$
が成り立つ．これは，部分列 $\{x_{\iota(k)}\}$ が α に収束することを示す．

2.7 (49p.) $\lim x_i = \beta$ とする．$\beta < L$ と仮定し，矛盾を導く（背理法）．$\varepsilon = L - \beta \, (> 0)$ に対して，収束の定義から，
$$\exists N \in \mathbb{N} \, (\forall n, n \geq N \Rightarrow |x_n - \beta| < \varepsilon).$$
とくに，$|x_N - \beta| < \varepsilon = L - \beta$ が成り立つ．ここで絶対値 $|\,\,|$ をはずすと，
$$\beta - (L - \beta) < x_N < L = \beta + (L - \beta)$$
が得られるが，これは $x_N < L$ を意味し，例題の仮定に反する．

2.8 (49p.) $x_i \to \alpha \, (i \to \infty)$ とすると，$(\varepsilon =) \, 1$ に対して，$N \in \mathbb{N}$ が存在して，$\forall n \geq N$ について $|x_n - \alpha| < 1$，つまり $\alpha - 1 < x_n < \alpha + 1$ が成り立つ．そこで，
$$M = \max\{x_1, x_2, x_3, \cdots, x_N, \alpha + 1\}, \quad L = \min\{x_1, x_2, x_3, \cdots, x_N, \alpha - 1\}$$
とおけば，任意の $i \in \mathbb{N}$ について $L \leq x_i \leq M$ である．

★ $x_i \to \alpha \, (i \to \infty) \Leftrightarrow \forall \varepsilon > 0$ に対して，$|\alpha - x_n| \geq \varepsilon$ となる n は有限個．

2.9 (51p.) (1) $\{x_i\}, \{y_i\}$ がコーシー列であるから，$\forall \varepsilon > 0$ に対して，
$$\exists N_1 \in \mathbb{N} \, (\forall m, n \in \mathbb{N}, m, n > N_1 \Rightarrow |x_m - x_n| < \varepsilon/2),$$
$$\exists N_2 \in \mathbb{N} \, (\forall m, n \in \mathbb{N}, m, n > N_2 \Rightarrow |y_m - y_n| < \varepsilon/2)$$
ここで，$N = \max\{N_1, N_2\}$ とおけば，上の $\varepsilon > 0$ に対して，
$$\forall m, n \in \mathbb{N}, m, n > N$$
$$\Rightarrow \quad |(x_m + y_m) - (x_n + y_n)| = |(x_m - x_n) + (y_m - y_n)| < \varepsilon$$

が成り立つ. これは数列 $\{x_i + y_i\}$ がコーシー列であることを示す.

(2) 定理 2.9 により, コーシー列は有界であるから,
$$\exists L_x, M_x \in \mathbb{R} \, (\forall i \in \mathbb{N} \, (L_x \leq x_i \leq M_x)),$$
$$\exists L_y, M_y \in \mathbb{R} \, (\forall i \in \mathbb{N} \, (L_y \leq y_i \leq M_y))$$
が成立する. ここで, $M = \max\{|L_x|, |M_x|, |L_y|, |M_y|\}$ とおく. M が正の定数であることに注意すると, $\forall \varepsilon > 0$ に対して, 次が成立する:
$$\exists N_1 \in \mathbb{N} \, (\forall m, n \in \mathbb{N}, m, n > N_1 \Rightarrow |x_m - x_n| < \varepsilon/2M),$$
$$\exists N_2 \in \mathbb{N} \, (\forall m, n \in \mathbb{N}, m, n > N_2 \Rightarrow |y_m - y_n| < \varepsilon/2M)$$
ここで, $N = \max\{N_1, N_2\}$ とおけば, 上の $\varepsilon > 0$ に対して, 次が成り立つ:
$$|x_m \cdot y_m - x_n \cdot y_n| = |x_m \cdot y_m - x_m \cdot y_n + x_m \cdot y_n - x_n \cdot y_n|$$
$$\leq |x_m||y_m - y_n| + |x_m - x_n||y_n|$$
$$\leq M \cdot \varepsilon/2M + M \cdot \varepsilon/2M = \varepsilon$$
よって, 数列 $\{x_i \cdot y_i\}$ もコーシー列である.

2.10 (56p.) (1) $a \in \mathbb{Z}$ ならば, 明らかであるから, $a \notin \mathbb{Z}$ とする.
$0 < a < 1$ のとき, $n = 0$ とすればよい.
$a > 1$ のとき, $0 < 1 < a$ に定理 2.12 を適用すると, $\exists m \in \mathbb{N} \, (a < m)$.
① $m - a < 1$ ならば, $m - 1 < a$ である. よって, $n = m - 1$ とすれば, $n \leq a < n + 1$ が成り立つ. このような n はもちろん一意的である.
② $m - a > 1$ ならば, $a < m - 1$ である. $(m - 1) - a > 1$ ならば, $a < m - 2$ である. このような比較を続けると, $\exists k \in \mathbb{N} \, (m - a < k)$. そこで, $n = m - k$ とおけば, $n \leq a < n + 1$ が成り立つ. このような n はもちろん一意的である.
$-1 < a < 0$ のとき, $n = -1$ とすればよい.
$a < -1$ のとき, $0 < 1 < -a$ である. これに定理 2.12 を適用すると, $\exists m \in \mathbb{N} \, (-a < m)$. よって, $-m \in \mathbb{Z}$ で, $-m < a$ が成立する.
① $a - (-m) = a + m < 1$ ならば, $a < -m + 1$ である. そこで, $n = -m$ とおけば, $n \leq a < n + 1$ が成り立つ. このような n は一意的である.
② $a - (-m) = a + m > 1$ ならば, $-m + 1 < a$ である. $a - (-m + 1) = a + m - 1 > 1$ ならば, $-m + 2 < a$ である. このような比較を続けると, $\exists k \in \mathbb{N} \, (a < -m + k)$. そこで, $n = -m + k - 1$ とおくと, $n \leq a < n + 1$ が成り立つ. このような n は一意的である.

(2) 上の (1) の証明とほとんど同じなので, 省略する.

2.3節 基数と濃度

2.11 (57p.) (E1) $\forall X \in S$ について,恒等写像 $I_X : X \to X$ は全単射であるから,$X \sim X$.

(E2) $\forall X, Y \in S$ について,$X \sim Y$ ならば,全単射 $f : X \to Y$ が存在するが,その逆写像 $f^{-1} : Y \to X$ も全単射であるから,$Y \sim X$.

(E3) $\forall X, Y, Z \in S$ について,$X \sim Y \wedge Y \sim Z$ ならば,全単射 $f : X \to Y$, $g : Y \to Z$ が存在する.このとき,合成写像 $g \circ f : X \to Z$ も全単射であるから (例題 1.7),$X \sim Z$.

2.12 (58p.) (1) 写像 $f : \mathbb{N} \to \mathbb{N}(\text{odd})$ を,$f(n) = 2n - 1$ で定義する.$f(n) = f(m)$ ならば,$2n - 1 = 2m - 1$ だから $n = m$ となり,f は単射である.一方,任意の $x \in \mathbb{N}(\text{odd})$ に対して,$n \in \mathbb{N}$ が存在して,$x = 2n - 1$ と表される.これは $f(n) = x$ を意味するから,f は全射である.

(2) 写像 $f : \mathbb{N} \to \{3n \mid n \in \mathbb{N}\}$ を,$f(n) = 3n$ で定義する.$f(n) = f(m)$ ならば,$3n = 3m$ だから,$n = m$ となり,f は単射である.一方,任意の $x \in \{3n \mid n \in \mathbb{N}\}$ に対して,定義より $n \in \mathbb{N}$ が存在して,$x = 3n$ と表されるが,これは $f(n) = x$ を意味するから,f は全射でもある.

(3) 写像 $f : \mathbb{N} \to \{2^n \mid n \in \mathbb{N}\}$ を,$f(n) = 2^n$ で定義する.$f(n) = f(m)$ ならば,$2^n = 2^m$ だから $n = m$ となり,f は単射である.一方,任意の $x \in \{2^n \mid n \in \mathbb{N}\}$ に対して,定義より $n \in \mathbb{N}$ が存在して,$x = 2^n$ となるが,これは $f(n) = x$ 意味するから,f は全射である.

2.13 (58p.) (1) 写像 $f : \mathbb{N} \to \mathbb{N} \cup A$ を,$f(1) = a_1, f(2) = a_2, f(3) = a_3, \cdots, f(m) = a_m, f(m+1) = 1, f(m+2) = 2, \cdots, f(m+k) = k, \cdots$ と定義する.$f(\lambda) = f(\mu) = a_i \, (i \in \{1, 2, 3, \cdots, m\})$ ならば,$\lambda = \mu = i$ であり,$f(\lambda) = f(\mu) = k \, (k \in \mathbb{N})$ ならば,$\lambda = \mu = m + k$ となり,f は単射である.一方,$\forall a_i \in A$ に対して,$i \in \mathbb{N}$ をとれば $f(i) = a_i$ であり,$\forall k \in \mathbb{N}$ に対して $m + k \in \mathbb{N}$ をとれば $f(m+k) = k$ となるから,f は全射でもある.

(2) 仮定と例題 2.9 (3) より,$X \sim \mathbb{N} \sim \mathbb{N}(\text{odd})$,また,仮定と例題 2.9 (2) より,$Y \sim \mathbb{N} \sim \mathbb{N}(\text{even})$ が成り立つ.よって,全単射 $\mathbb{N} = \mathbb{N}(\text{odd}) \cup \mathbb{N}(\text{even}) \to X \cup Y$ が容易に得られる.

(3) $A \cap \mathbb{N} \neq \emptyset$ の場合,$A - \mathbb{N}$ を改めて A として,(1) の証明をすればよい.$X \cap Y \neq \emptyset$ の場合:$X \subset Y$ または $Y \subset X$ のときは,それぞれ,

$$X \cup Y = Y, \quad X \cup Y = X$$

であるから,$\mathbb{N} \sim X \cup Y$ は容易にわかる.一般に,$Y - X$ が有限集合のとき,

$A = Y - X$ とおくと, $A \cap X = \emptyset$ であるから, $X \cup Y \sim X \cup A \sim \mathbb{N} \cup A$ で, (1) より, $\mathbb{N} \cup A \sim \mathbb{N}$ である. $X - Y$ が有限集合の場合も同じである. $Y - X$ が有限集合でないとき, $Y^* = Y - X$ とおけば, 仮定より $Y^* \sim \mathbb{N}$ で $X \cap Y^* = \emptyset$ だから, (2) の場合となる. $X - Y$ が有限集合でないときも同じである.

2.14 (61p.) 例題 2.12 から, 全単射 $f_1: [0, 1/2] \to [0, 1]; f_1(0) = 1, f_1(1/2) = 0$, および全単射 $f_2: [1/2, 1] \to [0, 1]; f_2(1/2) = 0, f_2(1) = 1$, が存在する. 例題 2.13 から, 全単射 $g_1: [0, 1] \to [0, 1); g_1(0) = 0$, および全単射 $g_2: [0, 1] \to [0, 1); g_2(0) = 0$, が存在する. 再び例題 2.12 から, 全単射 $h_1: [0, 1) \to (0, 1/2]; h_1(0) = 1/2$, および全単射 $h_2: [0, 1) \to [1/2, 1); h_2(0) = 1/2$, が存在する.

$$(h_1 \circ g_1 \circ f_1)\left(\frac{1}{2}\right) = (h_1 \circ g_1)\left(f_1\left(\frac{1}{2}\right)\right) = (h_1 \circ g_1)(0) = h_1(g_1(0)) = h_1(0) = \frac{1}{2},$$

$$(h_2 \circ g_2 \circ f_2)\left(\frac{1}{2}\right) = (h_2 \circ g_2)\left(f_2\left(\frac{1}{2}\right)\right) = (h_2 \circ g_2)(0) = h_2(g_2(0)) = h_2(0) = \frac{1}{2}$$

であるから, 次のように定義される写像

$$F: [0, 1] \to (0, 1)$$

は全単射である (図参照).

$$F(t) = \begin{cases} (h_1 \circ g_1 \circ f_1)(t), & 0 \leq t \leq 1/2 \\ (h_2 \circ g_2 \circ f_2)(t), & 1/2 \leq t \leq 1 \end{cases}$$

2.4 節　実数値連続関数

2.15 (70p.) (1) f, g がともに点 $a \in \mathbb{R}$ で連続であるから, 次が成立する:

$$\forall \varepsilon > 0, \exists\, \delta_1 > 0 \,(\forall x \in \mathbb{R}, |x - a| < \delta_1 \Rightarrow |f(x) - f(a)| < \varepsilon/2),$$

$$\forall \varepsilon > 0, \exists\, \delta_2 > 0 \,(\forall x \in \mathbb{R}, |x - a| < \delta_2 \Rightarrow |g(x) - g(a)| < \varepsilon/2)$$

そこで, $\delta = \min\{\delta_1, \delta_2\}$ とすると, $\forall x \in \mathbb{R}, |x - a| < \delta$ について,

$$|(f+g)(x) - (f+g)(a)| = |(f(x) + g(x)) - (f(a) + g(a))|$$
$$= |(f(x) - f(a)) + (g(x) - g(a))|$$
$$\leq |f(x) - f(a)| + |g(x) - g(a)| < \varepsilon/2 + \varepsilon/2 = \varepsilon$$

が成り立つ. これは, $f + g$ が点 a で連続であることを示す.

(2) $c = 0$ の場合: cf は 0 に値をもつ定値写像である; $\forall x \in \mathbb{R}\,(cf(x) = 0)$. $\forall \varepsilon > 0$ に対して, $\forall x \in \mathbb{R}\,(|cf(x) - cf(a)| = |0 - 0| = 0 < \varepsilon)$ が成り立つので, cf は a で連続である.

★ 一般に, 写像 $f : X \to Y$ が**定値写像** (constant map) であるとは, 1 点 $b \in Y$ が存在して, 任意の $x \in X$ について, $f(x) = b$ となる場合をいう. X, Y が $\mathbb{R}$ の部分集合の場合は, 定値写像はすべて連続写像である.

$c \neq 0$ の場合: f が点 $a \in \mathbb{R}$ で連続であるから,

$$\forall \varepsilon > 0, \exists \delta > 0 \, (\forall x \in \mathbb{R}, |x - a| < \delta \Rightarrow |f(x) - f(a)| < \varepsilon/|c|)$$

が成立する. この $\varepsilon > 0$ と $\delta > 0$ について,

$$\forall x \in \mathbb{R}, |x - a| < \delta \text{ ならば,}$$

$$|(cf)(x) - (cf)(a)| = |cf(x) - cf(a)| = |c(f(x) - f(a))|$$
$$= |c||f(x) - f(a)| < |c| \cdot \varepsilon/|c| = \varepsilon$$

となる. これは, cf が点 a で連続であることを示す.

(3) f, g が点 $a \in \mathbb{R}$ で連続だから, $|f(a)|, |g(a)|$ が定数であることを考慮すると,

$$\forall \varepsilon > 0, \exists \delta_1 > 0 \, (\forall x \in \mathbb{R}, |x - a| < \delta_1 \Rightarrow |f(x) - f(a)| < \varepsilon/2(|g(a)| + 1)),$$

$$\forall \varepsilon > 0, \exists \delta_2 > 0 \, (\forall x \in \mathbb{R}, |x - a| < \delta_2 \Rightarrow |g(x) - g(a)| < \varepsilon/2(|f(a)| + 1))$$

が成り立つ. さらに, もし $\varepsilon > 1$ ならば, g が a で連続であるから, ($\varepsilon = 1$ に対応して)

$$\exists \delta_3 > 0 \, (\forall x \in \mathbb{R}, |x - a| < \delta_3 \Rightarrow |g(x) - g(a)| < 1)$$

も成り立つことに注意する. したがって, $|g(x)| < |g(a)| + 1$ が成り立つ. そこで, $\delta = \min\{\delta_1, \delta_2, \delta_3\} > 0$ とすれば, $\forall x \in \mathbb{R}, |x - a| < \delta$ について, 上の 3 つの結論がすべて成り立つから,

$$|(f \cdot g)(x) - (f \cdot g)(a)| = |f(x)g(x) - f(a)g(a)|$$
$$= |f(x)g(x) - f(a)g(x) + f(a)g(x) - f(a)g(a)|$$
$$\leq |f(x) - f(a)||g(x)| + |f(a)||g(x) - g(a)|$$
$$< |f(x) - f(a)|(|g(a)| + 1) + (|f(a)| + 1)|g(x) - g(a)|$$
$$< \frac{\varepsilon}{2(|g(a)| + 1)} \cdot (|g(a)| + 1) + (|f(a)| + 1) \cdot \frac{\varepsilon}{2(|f(a)| + 1)} = \frac{\varepsilon}{2} + \frac{\varepsilon}{2} = \varepsilon$$

となる. これは, $f \cdot g$ が a で連続であることを示す.

2.16 (73p.) 最小値の存在証明: 前半の (1) で, 閉区間の像 $f([a, b])$ は有界閉集合であることを示した. したがって, その下限 L が存在する. すると, $f([a, (a+b)/2])$ と $f([(a+b)/2, b])$ のいずれか一方においては, その下限は L で

ある．

$f([a,(a+b)/2])$ の下限が L ならば，$a_1 = a, b_1 = (a+b)/2$，

$f([(a+b)/2,b])$ の下限が L ならば，$a_1 = (a+b)/2, b_1 = b$

とする．このとき，$f([a_1,(a_1+b_1)/2])$ と $f([(a_1+b_1)/2,b_1])$ のいずれか一方においては，その下限は L である．

$f([a_1,(a_1+b_1)/2])$ の下限が L ならば，$a_2 = a_1, b_2 = (a_1+b_1)/2$，

$f([(a_1+b_1)/2,b_1])$ の下限が L ならば，$a_2 = (a_1+b_1)/2, b_2 = b_1$

とする．この操作を反復して，閉区間の列 $[a_i, b_i]$ を作ると，$f([a_i, b_i])$ の下限はすべて L であり，次が成り立つ：

$$[a_1,b_1] \supset [a_2,b_2] \supset \cdots \supset [a_i,b_i] \supset [a_{i+1},b_{i+1}] \supset \cdots,$$

$$\lim_{i\to\infty}(a_i - b_i) = \lim_{i\to\infty}(a-b)/2^i = 0$$

カントールの区間縮小定理により，

$$\exists ! \gamma \in \bigcap_{i\in\mathbb{N}} [a_i, b_i]$$

が成り立つが，とくに数列 $\{a_i\}, \{b_i\}$ について，$\lim_{i\to\infty} a_i = \gamma = \lim_{i\to\infty} b_i$ である．

ところで，$\forall i \in \mathbb{N}$ について，$L - 1/i$ は下限ではないから，

$$L \leq f(x_i) < L + 1/i, \quad a_i \leq x_i \leq b_i$$

を満たすように，$[a,b]$ の数列 $\{x_i\}$ を選ぶことができる．f は連続関数なので，

$$\lim_{i\to\infty} f(x_i) = f\left(\lim_{i\to\infty} x_i\right) = f(\gamma)$$

が成り立つ．はさみうちの原理（例題2.7）により，$\lim f(x_i) = L$ なので，$f(\gamma) = L$ が得られる．

2.17 (74p.) 点 $a \in [a,b]$ については，任意の $\varepsilon > 0$ に関して，$a - \varepsilon/2 \in N(a;\varepsilon)$, $a - \varepsilon/2 \notin [a,b]$ が成り立ち，(O) を満たす $\varepsilon > 0$ は存在しない．よって，$[a,b]$ は開集合ではない．同様に，点 $a \in [a,b)$, 点 $b \in (a,b]$ についても，(O) を満たす $\varepsilon > 0$ は存在しないことが示されるから，$[a,b), (a,b]$ も開集合ではない．

2.18 (75p.) $\forall x \in U_1 \cap U_2 \cap \cdots \cap U_m$ について，$x \in U_i \, (i = 1, 2, \cdots, m)$ で U_i は開集合だから，$\varepsilon_i > 0$ が存在して，$N(x; \varepsilon_i) \subset U_i$ を満たす．そこで，$\varepsilon = \min\{\varepsilon_1, \varepsilon_2, \cdots, \varepsilon_m\}$ とおけば，$N(x;\varepsilon) \subset N(x;\varepsilon_i) \subset U_i \, (i = 1, 2, \cdots, m)$ であるから，$N(x;\varepsilon) \subset U_1 \cap U_2 \cap \cdots \cap U_m$ が成り立つ．よって，$U_1 \cap U_2 \cap \cdots \cap U_m$ は開集合である．

2.19 (75p.) $\forall x \in \bigcup_{\lambda \in \Lambda} U_\lambda$ について，$\exists \mu \in \Lambda \, (x \in U_\mu)$ である．U_μ は開集合だ

から $\varepsilon > 0$ が存在して, $N(x;\varepsilon) \subset U_\mu \subset \bigcup_{\lambda \in \Lambda} U_\lambda$ を満たす. よって, $\bigcup_{\lambda \in \Lambda} U_\lambda$ は開集合である.

2.20 (76p.) (1) ド・モルガンの法則（例題 1.4）より,
$$(F_1 \cup F_2 \cup \cdots \cup F_m)^c = F_1{}^c \cap F_2{}^c \cap \cdots \cap F_m{}^c$$
が成り立ち, 定義より, 各 $F_i{}^c$ は開集合だから, 問題 2.18 より $F_1{}^c \cap F_2{}^c \cap \cdots \cap F_m{}^c$ は開集合である. よって, $F_1 \cup F_2 \cup \cdots \cup F_m$ は閉集合である.

(2) ド・モルガンの法則（例題 1.5）より,
$$\left(\bigcap_{\lambda \in \Lambda} F_\lambda \right)^c = \bigcup_{\lambda \in \Lambda} F_\lambda{}^c$$
が成り立ち, 定義より, 各 $F_\lambda{}^c$ は開集合だから, 問題 2.19 より $\bigcup_{\lambda \in \Lambda} F_\lambda{}^c$ は開集合である. よって, $\bigcap_{\lambda \in \Lambda} F_\lambda$ は閉集合である.

第 3 章

3.1 節　ユークリッド空間

3.1 (77p.) $\mathbb{R}^1$ 上に 4 点が下の図のように並んでいる場合について証明する.

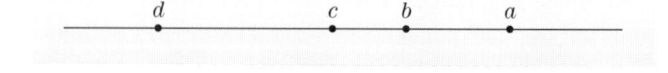

$$\underset{d}{\bullet} \qquad \underset{c}{\bullet} \quad \underset{b}{\bullet} \quad \underset{a}{\bullet}$$

$$\begin{aligned}
\text{左辺} &= |a-b||c-d| + |a-d||b-c| \\
&= (ac - ad - bc + bd) + (ab - ac - bd + cd) \\
&= ab - ad + cd - bc = (a-c)(b-d) = |a-c||b-d| = \text{右辺}
\end{aligned}$$

4 点が他の位置関係にある場合（4 点の中に重複する点がある場合も含めて）も同様である.

3.2 (80p.) $x = (x_1, x_2, \cdots, x_n), y = (y_1, y_2, \cdots, y_n), z = (z_1, z_2, \cdots, z_n) \in \mathbb{R}^n$ について, 証明すべき式は, $d^{(n)}(x, z) \leqq d^{(n)}(x, y) + d^{(n)}(y, z)$ であるから, 定義によって,

$$\begin{aligned}
&\sqrt{(x_1 - z_1)^2 + (x_2 - z_2)^2 + \cdots + (x_n - z_n)^2} \\
&\leqq \sqrt{(x_1 - y_1)^2 + (x_2 - y_2)^2 + \cdots + (x_n - y_n)^2} \\
&\quad + \sqrt{(y_1 - z_1)^2 + (y_2 - z_2)^2 + \cdots + (y_n - z_n)^2}
\end{aligned}$$

である. ここで, $a_i = x_i - y_i, b_i = y_i - z_i (i = 1, 2, \cdots, n)$ とおくと, $a_i + b_i =$

問 題 解 答

$x_i - z_i$ となるから，上の証明すべき不等式は，次のようになる：

$$\sqrt{(a_1+b_1)^2 + (a_2+b_2)^2 + \cdots + (a_n+b_n)^2}$$
$$\leq \sqrt{a_1{}^2 + a_2{}^2 + \cdots + a_n{}^2} + \sqrt{b_1{}^2 + b_2{}^2 + \cdots + b_n{}^2}$$

この両辺は負でないから，両辺をそれぞれ2乗して比較する．2乗して，展開して整理すると，結局次の不等式を証明すればよいことがわかる：

$$a_1b_1 + a_2b_2 + \cdots + a_nb_n \leq \sqrt{a_1{}^2 + a_2{}^2 + \cdots a_n{}^2}\sqrt{b_1{}^2 + b_2{}^2 + \cdots b_n{}^2}$$

ところが，これはシュワルツの不等式である．

★ 補題 3.1（シュワルツの不等式）の別証明：$x = y$ の場合は明らかである．$x \neq y$ の場合は，$a_1{}^2 + a_2{}^2 + \cdots + a_n{}^2 \neq 0$ である．このとき，実変数 t に関する2次式

$$s = (ta_1+b_1)^2 + (ta_2+b_2)^2 + \cdots + (ta_n+b_n)^2$$
$$= (a_1{}^2 + a_2{}^2 + \cdots + a_n{}^2)t^2 + 2(a_1b_1 + a_2b_2 + \cdots + a_nb_n)t$$
$$+ (b_1{}^2 + b_2{}^2 + \cdots + b_n{}^2)$$

は負にならないから（つまり，$s \geq 0$ であるから），この判別式 D は正にならない；

$$D/2 = (a_1b_1 + a_2b_2 + \cdots + a_nb_n)^2$$
$$- (a_1{}^2 + a_2{}^2 + \cdots + a_n{}^2)(b_1{}^2 + b_2{}^2 + \cdots b_n{}^2) \leq 0$$

これは，シュワルツの不等式そのものである．

3.3 (81p.) (1) $\langle x, x \rangle = x_1x_1 + x_2x_2 + \cdots + x_nx_n = x_1{}^2 + x_2{}^2 + \cdots x_n{}^2 \geq 0$.
また，$\langle x, x \rangle = 0$ ならば，$x_1{}^2 + x_2{}^2 + \cdots + x_n{}^2 = 0$ だから，$x_1 = x_2 = \cdots = x_n = 0$，つまり，$x = (0, 0, \cdots, 0)$ となる．逆は明らかである．

(2) $x_1 = (x_{11}, x_{12}, \cdots, x_{1n})$, $x_2 = (x_{21}, x_{22}, \cdots, x_{2n})$, $y = (y_1, y_2, \cdots, y_n)$ とする．

$$\langle x_1 + x_2, y \rangle = \sum_{i=1}^n (x_{1i} + x_{2i})y_i = \sum_{i=1}^n x_{1i}y_i + \sum_{i=1}^n x_{2i}y_i = \langle x_1, y \rangle + \langle x_2, y \rangle$$

$$\langle \lambda x, y \rangle = \sum_{i=1}^n \lambda\, x_i y_i = \lambda \sum_{i=1}^n x_i y_i = \lambda \langle x, y \rangle$$

(3) $\langle x, y \rangle = \sum_{i=1}^n x_i y_i = \sum_{i=1}^n y_i x_i = \langle y, x \rangle$

3.4 (82p.) 上の問題 3.2 の解答の下に付した証明にしたがった解答を与える．$x = (0, 0, \cdots, 0)$ の場合は，左辺 = 右辺 = 0 である．よって，$x \neq (0, 0, \cdots, 0)$ とする．実数 t を変数とする2次式

$$s = \langle tx - y, tx - y \rangle = \langle tx, tx - y \rangle - \langle y, tx - y \rangle$$
$$= \langle tx, tx \rangle - \langle tx, y \rangle - \langle y, tx \rangle + \langle y, y \rangle$$
$$= t^2 \langle x, x \rangle - t\langle x, y \rangle - t\langle y, x \rangle + \langle y, y \rangle = \langle x, x \rangle t^2 - 2\langle x, y \rangle t + \langle y, y \rangle$$

を考える. 2 次の係数 $\langle x, x \rangle > 0$ で, $s = \langle tx - y, tx - y \rangle \geqq 0$ だから, この 2 次式の判別式を D とすれば,
$$\sqrt{D/4} = \langle x, y \rangle^2 - \langle x, x \rangle \langle y, y \rangle \leqq 0$$
が成り立つ. したがって,
$$\langle x, y \rangle^2 \leqq \langle x, x \rangle \langle y, y \rangle \quad \text{つまり} \quad |\langle x, y \rangle| \leqq \|x\| \|y\|$$
が得られる.

3.5 (82p.) [N1], [N2] は, $\|x\| = \sqrt{\langle x, x \rangle}$ を使って, 問題 3.3 (1), (2) を書き換えるだけである. [N3] については, $x - y = X, y - z = Y$ とおくと,
$$X + Y = x - z$$
となるから, 定理 3.1 の [D3] を書き換えるとよい.

3.6 (82p.) 任意の $i \in \{1, 2, \cdots, n\}$ について, 定義から次が得られる：
$$\|x - y\| = \sqrt{\langle x - y, x - y \rangle} = \sqrt{(x_1 - y_1)^2 + (x_2 - y_2)^2 + \cdots + (x_n - y_n)^2}$$
$$\geqq |x_i - y_i|$$
この式を n 回, 辺々加えると証明すべき不等式が得られる.

3.2 節 $\mathbb{R}^n$ の開集合・閉集合

3.7 (84p.) 点 $x \in X$ に対して, $\delta = d(a, x) - \varepsilon$ とすると, $\delta > 0$ である. このとき, 任意の $y \in N(x; \delta)$ について, $d(x, y) < \delta$ であることに注意すると, 三角不等式より,
$$d(a, y) \geqq d(a, x) - d(x, y) > d(a, x) - \delta = \varepsilon$$
が成り立つ. よって, $y \in X$; したがって, $N(x; \delta) \subset X$ が成り立つ. 点 $x \in X$ は任意であったから, X は開集合である.

3.8 (84p.) 点 $(x, y) \in B$ に対して,
$$\varepsilon_1 = (1/2) \min \{y - f(x), g(x) - y\} > 0$$
とおくと, f, g が連続関数だから,
$$\exists \delta_f > 0 \, (\forall x' \in (a, b), |x' - x| < \delta_f \Rightarrow |f(x') - f(x)| < \varepsilon_1),$$
$$\exists \delta_g > 0 \, (\forall x' \in (a, b), |x' - x| < \delta_g \Rightarrow |g(x') - g(x)| < \varepsilon_1)$$
が成り立つ. そこで, $\delta = \min \{\delta_f, \delta_g\}$ とおくと, この δ に関して,
$$|x' - x| < \delta \Rightarrow |f(x') - f(x)| < \varepsilon_1, |g(x') - g(x)| < \varepsilon_1$$
が成り立つ. ここで, $\varepsilon = \min \{x - a, b - x, \delta, \varepsilon_1\}$ とおけば, $\forall (x', y') \in N((x, y); \varepsilon)$ について, $(x', y') \in B$ だから, $N((x, y); \varepsilon) \subset B$ が成り立つ. 点 $(x, y) \in B$ は任意であったから, B は開集合である.

3.9 (84p.) 直線 $L = \{(x,y) \in \mathbb{R}^2 \mid y = x\}$ 上の点が H の境界点であることは明らかである.点 $(a,b) \in H$ と直線 L の距離を ε とすると,$\varepsilon = |a-b|/\sqrt{2}$ である.(a,b) が H の内点であること,すなわち,$N((a,b);\varepsilon) \subset H$ を示せばよい.これには,任意の点 $(u,v) \in N((a,b);\varepsilon)$ について,$(u,v) \in H$,すなわち,$v - u > 0$ が成り立つことを示せば十分である.

$$v - u = (v-b) + b - (u-a) - a = (v-b) - (u-a) + (b-a)$$
$$\geqq (b-a) - |(v-b) + (u-a)| \quad \cdots ①$$

ここで,一般に $|A| + |B| \leqq \sqrt{2}\sqrt{A^2 + B^2}$ が成り立つので(両辺を平方して差を考えるとよい),次が成り立つ:

$$|(v-b) + (u-a)| \leqq |v-b| + |u-a| \leqq \sqrt{2}\sqrt{|v-b|^2 + |u-a|^2}$$
$$= \sqrt{2}\,d((a,b),(u,v)) < \sqrt{2}\varepsilon = |a-b| \quad \cdots ②$$

いま,$(a,b) \in H$ であるから,$b > a$,すなわち,$b - a > 0$ である.よって,② を ① に代入して,$v - u > 0$ が得られる.

3.10 (84p.) 任意の点 $x \in \mathbb{R}^n - \{a\}$ について,$\varepsilon = d(x,a) > 0$ とおけば,$N(x;\varepsilon) \cap \{a\} = \varnothing$,つまり,

$$N(x;\varepsilon) \subset \mathbb{R}^n - \{a\}$$

が成り立つ.

3.11 (86p.) B の補集合 B^c が開集合であることを示す.点 $(x,y) \in B^c$ については,$(x,y) \notin [a_1, b_1] \times [a_2, b_2]$ であるから,$x \notin [a_1, b_1]$ または $y \notin [a_2, b_2]$ のいずれかが成り立つ.

(1) $x \notin [a_1, b_1]$ のとき,$x < a_1$ または $x > b_1$ である.
$x < a_1$ ならば $\varepsilon = a_1 - x$,$x > b_1$ ならば $\varepsilon = x - b_1$ とすると,
$N((x,y);\varepsilon) \cap B = \varnothing$.

(2) $y \notin [a_2, b_2]$ のとき,$y < a_2$ または $y > b_2$ である.
$y < a_2$ ならば $\varepsilon = a_2 - y$,$y > b_2$ ならば $\varepsilon = y - b_2$ とすると,
$N((x,y);\varepsilon) \cap B = \varnothing$.

いずれの場合も,$N((x,y);\varepsilon) \subset B^c$ が成立するから,B^c は開集合である.

3.12 (87p.) (1) 任意の点 $a \in \mathbb{R}^2$ に対して,可算無限の開円盤の族 $\{U_n = N(a;1/n) \subset \mathbb{R}^2 \mid n \in \mathbb{N}\}$ を考えると,共通集合 $\bigcap_{n \in \mathbb{N}} U_n = \{a\}$ となり,1 点集合は閉集合であり(例 3.2 (1)),開集合ではない.

(2) 任意の点 $a \in \mathbb{R}^2$ に対して,可算無限の円盤の族 $\{F_n = D(a;1-1/n) \subset \mathbb{R}^2, \mid n \in \mathbb{N}\}$ については,和集合 $\bigcup_{n \in \mathbb{N}} F_n = N(a;1)$ となり,これは開集合で(例題

3.2)，閉集合ではない．

3.13 (89p.) (1) $x \in A^i$ とすると，定義から，$\varepsilon > 0$ が存在して，$N(x;\varepsilon) \subset A$ を満たす．$A \subset B$ だから，この ε について，$N(x;\varepsilon) \subset B$ である．これは $x \in B^i$ を示す．

(2) 定義より，$(A^i)^i \subset A^i$ は成り立つので，$(A^i)^i \supset A^i$ を示す．$x \in A^i$ とすると，$\varepsilon > 0$ が存在して，$N(x;\varepsilon) \subset A$ を満たす．任意の点 $y \in N(x;\varepsilon)$ に対して，$\delta = \varepsilon - d(x,y)$ とおけば，$N(y;\delta) \subset N(x;\varepsilon) \subset A$ が成り立つので，$y \in A^i$ となる．$y \in N(x;\varepsilon)$ は任意であるから，$N(x;\varepsilon) \subset A^i$ が成り立つ．したがって，x は A^i の内点である；$x \in (A^i)^i$．

3.14 (89p.) 89 ページの (☆) より，$(A^f)^c = \mathbb{R}^n - (A^i \cup A^e)$ であるが，A^i と $A^e = (A^c)^i$ はともに開集合であるから，$A^i \cup A^e$ も開集合である（定理 3.2 (2)）．よって，A^f は閉集合である．

3.15 (91p.) (1) $0 \in A^f$ であることの証明：任意の $\varepsilon > 0$ について，$N(0;\varepsilon) = (-\varepsilon, \varepsilon)$ だから，

$$N(0;\varepsilon) \cap A = (-\varepsilon, \varepsilon) \cap [0,1) = \begin{cases} [0,\varepsilon), & 0 < \varepsilon < 1 \\ [0,1), & 1 \leq \varepsilon \end{cases}$$

だから，いずれにしても，$N(0;\varepsilon) \cap A \neq \varnothing$．

$$N(0;\varepsilon) \cap A^c = (-\varepsilon, \varepsilon) \cap (-\infty, 0) \cup [1, \infty) \supset (-\varepsilon, 0) \neq \varnothing.$$

よって，$0 \in A^f$ である．

(2) $1 \in A^f$ であることの証明：任意の $\varepsilon > 0$ について，$N(1;\varepsilon) = (1-\varepsilon, 1+\varepsilon)$ だから，

$$N(1;\varepsilon) \cap A = (1-\varepsilon, 1+\varepsilon) \cap [0,1) = \begin{cases} (1-\varepsilon, 1), & 0 < \varepsilon < 1 \\ [0,1), & 1 \leq \varepsilon \end{cases}$$

だから，いずれにしても，$N(1;\varepsilon) \cap A \neq \varnothing$．

$$N(1;\varepsilon) \cap A^c = (1-\varepsilon, 1+\varepsilon) \cap \{(-\infty, 0) \cup [1, \infty)\} \supset [1, 1+\varepsilon) \neq \varnothing.$$

よって，$1 \in A^f$ である．

3.16 (93p.) (1) $A^a \subset B^a$ の証明：$x \in A^a$ ならば，定義より，任意の $\varepsilon > 0$ について，$N(x;\varepsilon) \cap A \neq \varnothing$ が成立する．ところで，$A \subset B$ だから，$N(x;\varepsilon) \cap A \subset N(x;\varepsilon) \cap B \neq \varnothing$．よって，$x \in B^a$．

(2) $A^d \subset B^d$ の証明：$x \in A^d$ ならば，定義より，任意の $\varepsilon > 0$ について，

$$N(x;\varepsilon) \cap (A - \{x\}) \neq \varnothing$$

が成立する．ところで，$A \subset B$ だから，$A - \{x\} \subset B - \{x\}$ でもあるので，$N(x;\varepsilon) \cap (A - \{x\}) \subset N(x;\varepsilon) \cap (B - \{x\}) \neq \varnothing$．よって，$x \in B^d$．

3.3 節 $\mathbb{R}^n$ 上の連続関数

3.17 (95p.) 問題 2.15 (1), (2) と同じであるから，省略する．$\mathbb{R}^1$ 上の絶対値 | | の部分を $\mathbb{R}^n$ のノルム $\|\ \|$ に置き換えるだけである．

3.18 (96p.) 例題 2.18 と同じであるから，省略する．$\mathbb{R}^1$ 上の絶対値 | | の部分を，$\mathbb{R}^n$, $\mathbb{R}^m$, $\mathbb{R}^k$ のノルムに置き換えるとよい．

3.19 (97p.) 例題 3.8 (1) より，$|f(x) - f(y)| \leq d(x,y)$ が成り立つので，f は連続である．実際，$\forall a \in \mathbb{R}^n$ と $\forall \varepsilon > 0$ に対して，$\delta = \varepsilon$ とすれば，

$$\forall x \in \mathbb{R}^n, d(x,a) < \delta \Rightarrow |f(x) - f(a)| \leq \varepsilon$$

が成り立つ．

3.4 節 コンパクト性

3.20 (99p.) (1) 点列 $\{x_i\}$ が α と β に収束し，$\alpha \neq \beta$ であるとする．$\varepsilon = d(\alpha,\beta)/2$ に対して，収束の定義から，次が成り立つ：

$$\exists N_1 \in \mathbb{N}(\forall n \in \mathbb{N}, n \geq N_1 \Rightarrow d(x_n, \alpha) < \varepsilon),$$

$$\exists N_2 \in \mathbb{N}(\forall n \in \mathbb{N}, n \geq N_2 \Rightarrow d(x_n, \beta) < \varepsilon)$$

ここで，$N = \max\{N_1, N_2\}$ とおくと，$d(x_N, \alpha) < \varepsilon, d(x_N, \beta) < \varepsilon$ である．よって，

$$d(\alpha, \beta) \leq d(\alpha, x_N) + d(x_N, \beta) < \varepsilon + \varepsilon = d(\alpha, \beta)$$

となるが，これは矛盾である．よって，$\alpha = \beta$ でなければならない．

(2) (cf. 問題 2.6) $x_i \to \alpha \, (i \to \infty)$ であるから，次が成り立つ：

$$\forall \varepsilon > 0, \exists N \in \mathbb{N}(\forall k \in \mathbb{N}, k \geq N \Rightarrow d(x_k, \alpha) < \varepsilon).$$

ところが，部分列の定義より，$\iota(i) \to \infty \, (i \to \infty)$ であるから，

$$\exists N_0 \in \mathbb{N}(\forall h \in \mathbb{N}, h \geq N_0 \Rightarrow \iota(h) \geq N)$$

が成り立つ．したがって，同じ $\varepsilon > 0$ に対して，

$$\exists N_0 \in \mathbb{N}(\forall h \in \mathbb{N}, h \geq N_0 \Rightarrow d(x_{\iota(h)}, \alpha) < \varepsilon)$$

が成り立つ．これは，$x_{\iota(h)} \to \alpha \, (h \to \infty)$ を示す．

3.21 (100p.) (cf. 問題 2.8) $x_i \to \alpha \, (i \to \infty)$ とすると，$(\varepsilon =) 1$ に対して，$N \in \mathbb{N}$ が存在して，$\forall k \geq N$ について，$\|x_k - \alpha\| < 1$，つまり，$\|x_k\| < \|\alpha\| + 1$ が成り立つ．そこで，

$$M = \max\{\|x_1\|, \|x_2\|, \cdots, \|x_N\|, \|\alpha\| + 1\}$$

とおけば，任意の $i \in \mathbb{N}$ について，$\|x_i\| \leq M$ である．

3.22 (102p.) 例題 3.15 で行った作業を各区間ごとに行う。少々細かいが，きちんと書いてみる。直方体 $[a_1, b_1] \times [a_2, b_2] \times \cdots \times [a_n, b_n]$ を D で表すことにする。

(x_i) を D の点列とする。各区間 $[a_k, b_k]$ を 2 等分する；
$$[a_k, b_k] = [a_k, (a_k+b_k)/2] \cup [(a_k+b_k)/2, b_k] \quad (k=1,2,\cdots,n)$$
すると直方体 D は 2^n 個の 1 辺の長さが半分の直方体に分割される。これらのなかに，(x_i) の部分列を含むものが少なくとも 1 つ存在する；それを $D_1 = [a_{11}, b_{11}] \times [a_{21}, b_{21}] \times \cdots \times [a_{n1}, b_{n1}]$ とする。D_1 から部分列の項を 1 つ選んで $x_{\iota(1)}$ とする。

次に各区間 $[a_{k1}, b_{k1}]$ を 2 等分する；
$$[a_{k1}, b_{k1}] = [a_{k1}, (a_{k1}+b_{k1})/2] \cup [(a_{k1}+b_{k1})/2, b_{k1}]$$
すると直方体 D_1 は 2^n 個の直方体に分割されるが，これらのなかには (x_i) の部分列を含むものが少なくとも 1 つ存在する；それを $D_2 = [a_{12}, b_{12}] \times [a_{22}, b_{22}] \times \cdots \times [a_{n2}, b_{n2}]$ とする。D_2 から部分列の 1 項 $x_{\iota(2)}$ を $\iota(1) < \iota(2)$ となるように選ぶ。

この操作を反復することにより，直方体の列 $D_1 \supset D_2 \supset \cdots \supset D_i \supset D_{i+1} \supset \cdots$ を得る。この直方体の n 個の辺（閉区間）の列
$$[a_{k1}, b_{k1}] \supset [a_{k2}, b_{k2}] \supset \cdots \supset [a_{ki}, b_{ki}] \supset [a_{k,i+1}, b_{k,i+1}] \supset \cdots$$
$$(k=1,2,\cdots,n)$$
$$\lim_{i \to \infty}(b_{ki} - a_{ki}) = 0$$
を得る。カントールの区間縮小定理により，
$$\exists ! \, \alpha_k \in \bigcap_{i \in \mathbb{N}} [a_{ki}, b_{ki}] \quad (k=1,2,\cdots,n)$$
このとき，$\alpha = (\alpha_1, \alpha_2, \cdots, \alpha_n) \in D$ とすると，各 $k \in \{1,2,\cdots,n\}$ について，
$$b_{ki} - a_{ki} = (1/2)^i (b_k - a_k)$$
となるので，
$$x_{\iota(i)} \to \alpha \quad (i \to \infty)$$
である。これで，$\alpha \in D$ に収束する部分列 $(x_{\iota(i)})$ が得られたので，直方体 D は点列コンパクトである。

3.23 (102p.) (1) (x_i) を $X \cup Y$ の点列とすると，X と Y のいずれか一方は (x_i) の部分列を含む。X が部分列を含む場合も，Y が部分列を含む場合も，仮定から，この部分列の収束する部分列が得られる。$X \subset X \cup Y, Y \subset X \cup Y$ であるから，極限点も $X \cup Y$ の点である。

(2) $\{x_i\}$ を $X \cap Y$ の点列とすると,これは X の点列であるから,点 $\alpha \in X$ に収束する部分列 $\{x_{\iota(i)}\}$ を含む.ところがこれは Y の点列であるから,仮定より,$\{x_{\iota(i)}\}$ の部分列で点 $\beta \in Y$ に収束する部分列が存在する.問題 3.20 (2) より,$\alpha = \beta$ である.

3.24 (108p.) ヒントにあるように,各区間を 2 等分して,直方体を 2^n 個の直方体に分割し,定理 3.12 の証明と同様の論法で証明する.問題 3.22 の証明を参考にするとよい.

3.5 節 連結性

3.25 (112p.) 0 は有理数なので,$0 \notin \mathbb{Q}^c$.そこで,$U = (-\infty, 0), V = (0, \infty)$ とすると,これらは $\mathbb{R}^1$ の開集合である(例 2.7 (2)).また,次も成り立つ:
$$U \cup V = \mathbb{R}^1 - \{0\} \supset \mathbb{Q}^c, \quad U \cap V = \emptyset.$$
ところで,$\sqrt{2} \in \mathbb{Q}^c$ かつ $\sqrt{2} \in V$ であるから,$\mathbb{Q}^c \cap V \neq \emptyset$

$-\sqrt{2} \in \mathbb{Q}^c$ かつ $-\sqrt{2} \in U$ であるから,$\mathbb{Q}^c \cap U \neq \emptyset$

よって,U と V は $\mathbb{Q}^c$ を分離する開集合である.

第 4 章

4.1 節 距離空間

4.1 (120p.) [D1] $\forall i \in \{1, 2, \cdots, n\} \, (|x_i - y_i| \geqq 0)$ が成り立つので,$d_1(x, y) \geqq 0$ である.
$$d_1(x, y) = 0 \quad \Leftrightarrow \quad \forall i \in \{1, 2, \cdots, n\} (|x_i - y_i| = 0)$$
であるから,$\forall i \in \{1, 2, \cdots, n\} \, (x_i = y_i)$ が成り立ち,$x = y$ である.

[D2] $d_1(x, y) = |x_1 - y_1| + |x_2 - y_2| + \cdots + |x_n - y_n|$
$= |y_1 - x_1| + |y_2 - x_2| + \cdots + |y_n - x_n| = d_1(y, x)$

[D3] $d_1(x, z) = |x_1 - z_1| + |x_2 - z_2| + \cdots + |x_n - z_n|$
$= |x_1 - y_1 + y_1 - z_1| + |x_2 - y_2 + y_2 - z_2|$
$\quad + \cdots + |x_n - y_n + y_n - z_n|$
$\leqq |x_1 - y_1| + |y_1 - z_1| + |x_2 - y_2| + |y_2 - z_2|$
$\quad + \cdots + |x_n - y_n| + |y_n - z_n|$
$= \{|x_1 - y_1| + |x_2 - y_2| + \cdots + |x_n - y_n|\}$
$\quad + \{|y_1 - z_1| + |y_2 - z_2| + \cdots + |y_n - z_n|\}$
$= d_1(x, y) + d_1(y, z)$

4.2 (122p.) 直前の例 4.3 でも記したように，$C[a,b]$ の元はすべて有界な関数であるから，関数 d_s が定義される．実際，正の数 $M_f, M_g \in \mathbb{R}$ が存在して，
$$\sup\{|f(x)| \mid a \leqq x \leqq b\} \leqq M_f, \quad \sup\{|g(x)| \mid a \leqq x \leqq b\} \leqq M_g$$
が成り立つから，
$$\sup\{|f(x) - g(x)| \mid a \leqq x \leqq b\}$$
$$\leqq \sup\{|f(x)| \mid a \leqq x \leqq b\} + \sup\{|g(x)| \mid a \leqq x \leqq b\} \leqq M_f + M_g$$
が得られる．よって，関数 d_s が定まる．

距離の公理 [D1], [D2] が成り立つことは明らかであるから，[D3] のみを証明する．$f, g, h \in C[a,b]$ に対して，
$$d_s(f,h) = \sup\{|f(x) - h(x)| \mid a \leqq x \leqq b\}$$
$$= \sup\{|f(x) - g(x) + g(x) - h(x)| \mid a \leqq x \leqq b\}$$
$$\leqq \sup\{|f(x) - g(x)| + |g(x) - h(x)| \mid a \leqq x \leqq b\}$$
$$\leqq \sup\{|f(x) - g(x)| \mid a \leqq x \leqq b\} + \sup\{|g(x) - h(x)| \mid a \leqq x \leqq b\}$$
$$= d_s(f,g) + d_s(g,h).$$

4.3 (124p.) $(x_1, y_1), (x_2, y_2), (x_3, y_3) \in X \times Y$ とする．

(1) 例 4.2 と本質的に同じである．

[D1] $d_X(x_1, x_2) \geqq 0, d_Y(y_1, y_2) \geqq 0$ であるから，
$$d_1((x_1, y_1), (x_2, y_2)) = \max\{d_X(x_1, x_2), d_Y(y_1, y_2)\} \geqq 0.$$
$$d_1((x_1, y_1), (x_2, y_2)) = 0 \Leftrightarrow d_X(x_1, x_2) = 0 \wedge d_Y(y_1, y_2) = 0$$
$$\Leftrightarrow x_1 = x_2 \wedge y_1 = y_2$$
$$\Leftrightarrow (x_1, y_1) = (x_2, y_2)$$

[D2] $d_1((x_1, y_1), (x_2, y_2)) = \max\{d_X(x_1, x_2), d_Y(y_1, y_2)\}$
$$= \max\{d_X(x_2, x_1), d_Y(y_2, y_1)\}$$
$$= d_1((x_2, y_2), (x_1, y_1)).$$

[D3] $d_1((x_1, y_1), (x_3, y_3)) = \max\{d_X(x_1, x_3), d_Y(y_1, y_3)\}$
だから，$d_X(x_1, x_3) \geqq d_Y(y_1, y_3)$ としてよい（$d_Y(y_1, y_3) \geqq d_X(x_1, x_3)$ の場合も同様に証明される）．よって，
$$d_1((x_1, y_1), (x_3, y_3)) = d_X(x_1, x_3)$$
$$\leqq d_X(x_1, x_2) + d_X(x_2, x_3)$$
$$\leqq \max\{d_X(x_1, x_2), d_Y(y_1, y_2)\} + \max\{d_X(x_2, x_3), d_Y(y_2, y_3)\}$$
$$= d_1((x_1, y_1), (x_2, y_2)) + d_1((x_2, y_2), (x_3, y_3))$$

(2) この問題は問題 4.1 と本質的に同じである.

[D1] $d_2((x_1,y_1),(x_2,y_2)) = d_X(x_1,x_2) + d_Y(y_1,y_2) \geqq 0$.
$d_2((x_1,y_1),(x_2,y_2)) = d_X(x_1,x_2) + d_Y(y_1,y_2) = 0$
$\Leftrightarrow d_X(x_1,x_2) = 0 \wedge d_Y(y_1,y_2) = 0 \Leftrightarrow x_1 = x_2 \wedge y_1 = y_2$
$\Leftrightarrow (x_1,y_1) = (x_2,y_2)$

[D2] $d_2((x_1,y_1),(x_2,y_2)) = d_X(x_1,x_2) + d_Y(y_1,y_2)$
$= d_X(x_2,x_1) + d_Y(y_2,y_1)$
$= d_2((x_2,y_2),(x_1,y_1))$

[D3] $d_2((x_1,y_1),(x_3,y_3)) = d_X(x_1,x_3) + d_Y(y_1,y_3)$
$\leqq \{d_X(x_1,x_2) + d_X(x_2,x_3)\} + \{d_Y(y_1,y_2) + d_Y(y_2,y_3)\}$
$= \{d_X(x_1,x_2) + d_Y(y_1,y_2)\} + \{d_X(x_2,x_3) + d_Y(y_2,y_3)\}$
$= d_2((x_1,y_1),(x_2,y_2)) + d_2((x_2,y_2),(x_3,y_3))$

4.4 (124p.) [D1] $d'(x,y) = d(x,y)/\{1+d(x,y)\} \geqq 0$ は明らかである.
$d'(x,y) = d(x,y)/\{1+d(x,y)\} = 0 \Leftrightarrow d(x,y) = 0 \Leftrightarrow x = y$

[D2] $d'(x,y) = d(x,y)/\{1+d(x,y)\} = d(y,x)/\{1+d(y,x)\} = d'(y,x)$

[D3] の証明のために, 少々の準備をする. 実変数の関数 $f(t) = t/(1+t)$ は, $f'(t) = 1/(1+t)^2$ だから, $t \geqq 0$ の範囲で単調増加である. しかも, $a \geqq 0, b \geqq 0$ について,

$$\frac{a}{1+a} + \frac{b}{1+b} - \frac{a+b}{1+(a+b)} = \frac{a+2ab+b}{(1+a)(1+b)(1+a+b)} \geqq 0$$

であるから, $f(a) + f(b) \geqq f(a+b)$ が成立する. これらの事実を用いて, [D3] を示す: $x, y, z \in X$ について,

$d'(x,z) = d(x,z)/\{1+d(x,z)\}$
$\leqq \{d(x,y) + d(y,z)\}/\{1 + d(x,y) + d(y,z)\}$
$\leqq d(x,y)/\{1+d(x,y)\} + d(y,z)/\{1+d(y,z)\}$
$= d'(x,y) + d'(y,z)$.

4.5 (124p.) (1) [D1] $d_1(x,y) = |x^3 - y^3| \geqq 0$
$d_1(x,y) = |x^3 - y^3| = 0 \Leftrightarrow x^3 = y^3 \Leftrightarrow x = y$

[D2] $d_1(x,y) = |x^3 - y^3| = |y^3 - x^3| = d_1(y,x)$

[D3] $d_1(x,z) = |x^3 - z^3| = |x^3 - y^3 + y^3 - z^3|$
$\leqq |x^3 - y^3| + |y^3 - z^3|$
$= d_1(x,y) + d_1(y,z)$

ゆえに, 距離関数である.

(2) 2点 $1, -1 \in \mathbb{R}$ について，$1 \neq -1$ であるが，$d_2(1, -1) = 0$ だから，距離関数でない．

4.6 (124p.) (1) 2点 $(1,1), (1,2) \in \mathbb{R}^2$ について，$(1,1) \neq (1,2)$ であるが，$d_1((1,1), (1,2)) = 0$ だから，距離関数でない．

(2) ［D1］ $d_2((x_1, y_1), (x_2, y_2)) = \alpha|x_1 - x_2| + \beta|y_1 - y_2| \geqq 0$

$$d_2((x_1, y_1), (x_2, y_2)) = \alpha|x_1 - x_2| + \beta|y_1 - y_2| = 0$$
$$\Leftrightarrow \quad |x_1 - x_2| = 0 \wedge |y_1 - y_2| = 0$$
$$\Leftrightarrow \quad x_1 = x_2 \wedge y_1 = y_2$$
$$\Leftrightarrow \quad (x_1, y_1) = (x_2, y_2)$$

［D2］ $d_2((x_1, y_1), (x_2, y_2)) = \alpha|x_1 - x_2| + \beta|y_1 - y_2|$
$= \alpha|x_2 - x_1| + \beta|y_2 - y_1|$
$= d_2((x_2, y_2), (x_1, y_1))$

［D3］ $d_2((x_1, y_1), (x_3, y_3)) = \alpha|x_1 - x_3| + \beta|y_1 - y_3|$
$= \alpha|x_1 - x_2 + x_2 - x_3| + \beta|y_1 - y_2 + y_2 - y_3|$
$\leqq \alpha\{|x_1 - x_2| + |x_2 - x_3|\} + \beta\{|y_1 - y_2| + |y_2 - y_3|\}$
$= \{\alpha|x_1 - x_2| + \beta|y_1 - y_2|\} + \{\alpha|x_2 - x_3| + \beta|y_2 - y_3|\}$
$= d_2((x_1, y_1), (x_2, y_2)) + d_2((x_2, y_2), (x_3, y_3))$

ゆえに，d_2 は距離関数である．

4.2節　距離空間の位相

4.7 (130p.) 問題 3.19 の証明と同じであるから，省略する．

4.8 (131p.) 問題 3.20 の証明と同じであるから，省略する．

4.9 (131p.) 問題 3.21 の証明とほとんど同じである．

$x_i \to \alpha \, (i \to \infty)$ とすると，$(\varepsilon =) 1$ に対して，$N \in \mathbb{N}$ が存在して，$\forall k \geqq N$ について，$d(x_k, \alpha) < 1$ が成り立つ．そこで，

$$M = \max\{d(x_1, \alpha), d(x_2, \alpha), \cdots, d(x_N, \alpha), 1\}$$

とおけば，任意の $i \in \mathbb{N}$ について，$d(x_i, \alpha) \leqq M$ が成り立つ．

おわりに

　本書を執筆する際に参考にした本，および本書に続いてさらに学習しようとする際に参考となる本を挙げておく．

[1]　内田 伏一：位相入門, 裳華房, 1997.
[2]　一楽 重雄 (監修)：集合と位相, そのまま使える答えの書き方, 講談社 2001.
　この2冊は，本書で取り扱わなっかた位相空間にも触れており，本書よりやや程度が高い．とくに [2] は，本書の執筆を始めた頃に出たので随分と参考にし，またこの本より易しくしようと試みた．また，第2章の「実数の構成」の項は，普段の授業を如何に文章にするかで悩んでいたので，[1] が大いに参考になった．
[3]　静間 良次：位相, サイエンス社, 1975.
[4]　小林 貞一：集合と位相 (現代数学レクチャーズ), 培風館, 1977.
[5]　加藤 十吉：集合と位相（新数学講座3），朝倉書店, 1982.
[6]　内田 伏一：集合と位相, 裳華房, 1986.
[7]　鎌田 正良：集合と位相 (現代数学ゼミナール8), 近代科学社, 1989.
[8]　三村 護・吉岡 巌：位相空間論, 培風館, 1991.
[9]　青木 利夫・高橋 涉：集合・位相空間要論, 培風館, 1979.
　[3]～[8] は，内容には著者の好みにより若干の差が見られるが,「集合と位相」に関する標準的な教科書として定評があるもので，読者も好みにより1冊を参考にされるとよい．[9] はバナッハ空間・ヒルベルト空間に関する記述も含み，初学者にはやや難しい．
[10]　志賀 浩二：位相への30講, 朝倉書店, 1988.
[11]　瀬山 士郎：なっとくする集合・位相, 講談社, 2001.
　この2冊は，上記 [1]～[9] とは違ったタイプの記述で，著者自身も教科書には使用しないであろうと思われる，独習者向けの本である．本書のような記述に不満の読者にお勧めする．
[12]　三村 護・吉岡 巌：詳解演習位相空間論, 培風館, 1991.
　書名の通り，位相空間論の演習書として書かれたもので，たくさんの問題と解答が集められている．

索　引

あ 行

相等しい　12
値　18
アルキメデスの原理　56
一部否定　9
実一般線形群　123
一般連続体仮説　66
上に有界　49
宇宙　11
大きい　39
大きさ　81

か 行

外延的定義　10
開核　88, 126
開球　83
開球体　83
開区間　44
開集合　74, 83, 126
外点　88, 125, 126
開被覆　106, 133
外部　88, 126
下界　32
下限　32
可算集合　57
可算濃度　57
可付番集合　57
可付番濃度　57
含意　2
関係　27
関数　18
完全不連結　117
カントールの区間縮小定理　52
完備　131
偽　1
基数　34
基本列　50
逆写像　21
逆像　22
境界　88, 126
境界点　125, 126
共通集合　12, 15
極限　48, 99, 131

極限値　48
極限点　48, 99, 131
距離
　　点と集合の——　94, 128
　　点と点の——　79, 119
距離関数　119
距離空間　119
距離の公理　119
切り上げ　56
切り捨て　56
空集合　13
グラフ　27
クレタ人の逆理　2
元　10
原像　18
限定記号　8
限定命題　8
恒真命題　5
合成写像　19
恒等写像　21
項変数　7
コーシー列　50, 131
孤立点　91, 92, 127, 128
コンパクト　106, 133

さ 行

最小元　32
最大元　31
差集合　14
三角不等式　80, 119
始域　18
自己矛盾命題　2
始集合　18
自然数　33
自然な射影　30
下に有界　49
実数　39
実数値関数　67
実数の完備性　53
実数の切断　42
実数の連続性　42
実数列　47
実変数　67
射影　96

写像　18
終域　18
集合　10
集合系　15
集合族　15
終集合　18
集積点　91, 92, 127, 128
収束　48, 99, 131
述語　7
順序関係　30
順序集合　30, 31
順序数　34
シュワルツの不等式　79
上界　32
上限　32
商写像　30
商集合　29
触点　91, 127
真　1
真部分集合　12
真理値　4
真理値表　4
数直線　36
数列　47
性質　7
整数　34
正定値性　119
絶対値　35
全射　19
全順序　32
全順序集合　32
全称記号　8
選択公理　66
全単射　19
全部否定　9
像　18, 22
双対原理　6
相等　12
属する　11
素朴集合論　10
存在記号　8

た 行

第 i 因子　17
対角線論法　62

索　引

対偶　6
対称差　14
対称性　119
対象領域　7
代数的数　37
対等　57
代表元　30
高々可算集合　62
高々可算の濃度　62
単射　19
単調減少数列　52
単調増加数列　52
単調有界数列の収束　52
値域　18
小さい　39
中間値の定理　71, 116, 134
稠密性　37
超越数　37
直積　66
直積距離空間　124
直積集合　16, 17
直交群　123
直径　102, 130
通常の距離　79
定義域　7, 18
定値写像　146
デデキントの切断　52
天井記号　56
点列　47, 99, 131
点列コンパクト　101, 132
導集合　92, 128
同値　5
同値関係　27
同値律　28
同値類　29
同等　2
トウトロジー　5
ド・モルガンの法則　6, 9

な 行
内積　80, 81
内点　88, 125, 126
内部　88, 126
内包的定義　10
長さ　81
2 項関係　26, 27
濃度　57
ノルム　81

は 行
排中律　6
ハイネ-ボレルの被覆定理　107
半開区間　44
半径　83
半順序集合　31
比較可能　32
非可算集合　62
否定　2
等しい　18, 39
被覆　106
被覆する　106
負　35
含まれる　11
含む　11
部分距離空間　122
部分集合　11
部分被覆　106
部分列　47, 99, 131
普遍集合　11
分配律　6
分離する　111
ペアノの公理系　33
閉球　86
閉球体　86
閉区間　44
閉集合　76, 86, 127
閉包　92, 127
巾集合　15
ベルンシュタインの定理　64
変数　2
包含　11
包含関係　31
包含写像　21
補集合　12

ま 行
無限集合　57

無理数　37, 39
命題　1
命題関数　2
命題変数　4

や 行
有界　32, 49, 100, 102, 130, 131
有限集合　57
有限部分被覆　133
有理数　34
有理点　36
有理数の切断　38
床記号　56
ユークリッド空間
　1 次元——　77
　2 次元——　78
　3 次元——　78
　n 次元——　79, 81
ユークリッドの距離　79
要素　10

ら 行
離散距離空間　122
ルベーグ数　110
連結　111, 134
連結成分　116, 134
連結でない　111, 134
連続　67, 70, 95, 129
連続関数　67, 95
連続写像　129
連続体仮説　66
連続体の濃度　62
論理演算　2
論理式　4
論理積　2
論理和　2

わ 行
和集合　12, 15

欧　字
n 項関係　7
ε-近傍　73, 83, 125
ε-δ 論法　70

著者略歴

鈴木　晋一
すずき　しんいち

1965年　早稲田大学理工学部卒業
現　在　早稲田大学名誉教授
　　　　公益財団法人数学オリンピック財団元理事長
　　　　理学博士

主要著訳書

曲面の線形トポロジー 上・下
結び目理論入門
幾何の世界
グラフ理論入門（訳）

ライブラリ新数学大系＝E1
集合と位相への入門
—ユークリッド空間の位相—

2003 年 4 月 10 日 ©	初版発行
2023 年 2 月 25 日	初版第12刷発行

著　者　鈴木晋一
発行者　森平敏孝
印刷者　山岡影光
製本者　小西惠介

発行所　株式会社　サイエンス社
〒151–0051　東京都渋谷区千駄ヶ谷1丁目3番25号
営業　☎ (03) 5474–8500（代）　振替 00170-7-2387
編集　☎ (03) 5474–8600（代）
FAX　☎ (03) 5474–8900

印刷　三美印刷　　　製本　ブックアート

《検印省略》

本書の内容を無断で複写複製することは，著作者および
出版者の権利を侵害することがありますので，その場合
にはあらかじめ小社あて許諾をお求め下さい．

ISBN4-7819-1034-3

PRINTED IN JAPAN

サイエンス社のホームページのご案内
http://www.saiensu.co.jp
ご意見・ご要望は
rikei@saiensu.co.jp まで．